部分受国家自然科学基金（项目编号：12101544、12071136、11671138、11771279）和云南省自然科学基金（项目编号：202301AT070415）资助

经管文库

前沿 · 学术 · 经典

Cartan型李代数的几何与不变量

THE GEOMETRY AND INVARIANTS OF CARTAN-TYPE LIE ALGEBRAS

欧　岢 著

经济管理出版社
ECONOMY & MANAGEMENT PUBLISHING HOUSE

图书在版编目（CIP）数据

Cartan 型李代数的几何与不变量/欧岢著.—北京：经济管理出版社，2024.4
ISBN 978-7-5096-9700-9

Ⅰ.①C… Ⅱ.①欧… Ⅲ.①李代数-研究 Ⅳ.①O152.5

中国国家版本馆 CIP 数据核字(2024)第 091670 号

组稿编辑：白　毅
责任编辑：白　毅
责任印制：黄章平
责任校对：王淑卿

出版发行：经济管理出版社
（北京市海淀区北蜂窝 8 号中雅大厦 A 座 11 层　100038）
网　　址：www.E-mp.com.cn
电　　话：（010）51915602
印　　刷：唐山玺诚印务有限公司
经　　销：新华书店
开　　本：720mm×1000mm/16
印　　张：11.5
字　　数：173 千字
版　　次：2024 年 4 月第 1 版　　2024 年 4 月第 1 次印刷
书　　号：ISBN 978-7-5096-9700-9
定　　价：98.00 元

目　录

第1章　导论

1.1　研究背景

1.1.1　滤过李代数、阶化李代数与 Cartan 型李(超)代数

在李代数的研究中,滤过结构和阶化结构时常出现,如李代数 L 的泛包络代数 $U(L)$ 就有滤过结构,其阶化代数是多项式代数;再如特征 0 的域上的李代数 L 关于其 Cartan 子代数有根系分解,且具有关于根系的阶化结构.在模李代数的研究中,根系不再是无扭的.最早的有关具有$\mathbb{Z}$阶化结构的非典型有限维单李代数的研究来自于 Witt.1941 年,张禾瑞在他的博士论文中系统研究了 Witt 代数的表示.主要结果参考文献[13].事实上,复数域上的 Witt 代数早在 1909 年就出现在 Cartan 的相关研究中了([10]),不过它在复数域上是无限维的.此后,Witt 代数被迅速推广到 Jacobson-Witt 代数、广义的 Jacobson-Witt 代数、一般的 Cartan 型李代数等,具体定义参见第 2 章.

素特征域上的 Cartan 型李代数是非常重要的一类李代数，由俄罗斯数学家 Kostrikin 和 Shafarevich 引入，目的在于解决素特征代数闭域上有限维单李代数的分类问题. 粗略地讲，当 $p>5$ 时，除了由李群引起的典型单李代数之外，Kostrikin 和 Shafarevich 提出的 Cartan 型李代数涵盖了其他所有的有限维单李代数. 近半个世纪以来，Cartan 型李代数的结构与表示方面的理论研究已经产生了非常丰富的成果.

阶化李代数的发展也吸引了一系列中国数学家的关注. 沈光宇是我国最早研究阶化李代数和 Cartan 型李代数的数学家之一，代表性成果见文献[76]、[77]、[78]等. 舒斌很早就涉足了 Cartan 型李代数的研究，如 1995 年他关注到 Cartan 型李代数上的自同构群和形式([87])；1997 年实现了 Cartan 型阶化李代数的本原 p-包络([80])，引入广义的限制阶化李代数及其广义的限制表示的概念，进而证明所有的 Cartan 型李代数都是某些特定参数下广义的限制阶化李代数([81])；还得到了 $W(1,\underline{n})$ 的 Cartan 不变量([86]). 在文献[84]中，舒斌利用减小李代数秩的技巧讨论了 Cartan 型李代数的表示，后续研究包括文献[89-92]等. 胡乃红在沈光宇阶化模研究工作基础上开展了关于 H 型和 K 型阶化不可约模的研究([39]、[40]). 除了 Cartan 型李代数的计算和技巧外，许多典型李代数的代数和组合技巧对 Cartan 型李代数依旧有效. 比如，在文献[83]中，舒斌得到了具有特定条件的 Zassenhaus 代数所有单模的同构类. 在文献[53]中，该文献作者得到了标准的抛物小 Verma $\mathfrak{sl}(4,\mathbb{K})$-模不可约的充要条件(此时假设 p-特征标是标准 Levi 型). 而在文献[114]中，对给定的$\chi\in\mathfrak{g}^*$，该文献更是探讨了无限维李代数 $A_\chi(\mathfrak{g}):=\lim u_{\chi^s}(\mathfrak{g})$ 的信息.

Nakano 系统研究了 $W(n)$ 的限制表示([65])，包括不可约表示、诱导表示、投射模等. 随后他与林宗柱教授合作，发表了一系列文章，如文献[55-58]等，旨在探索表示、结构、支撑簇等方面的信息. 这些讨论可以认为是典型李代数的推广. 李宜阳等探讨了在典型李代数中，当基域的特征大于零，且 p-特征标是标准 Levi 型时,投射模、不可分解模、诱导模和不可约模以及它们之间的关系,如互反律等([54]). 近年来 Jantzen 指导学生开展了 Cartan 型李代数的研究([43]).

研究 Cartan 型李代数的几何手段并不多. Cartan 型李代数几何方面的研究主要包括舒斌在 Borel 子代数方面的研究([85]),林宗柱和 Nakako 关于支撑簇的研究([55]、[58]),舒斌、Premet、姚裕丰、常浩等在幂零锥方面的研究(散见于文献[17]、[72]、[89])等. 典型李代数中的 Springer 理论和几何表示理论还未在 Cartan 型李代数的研究中出现,其中一个主要原因是 Cartan 型李代数中诸如旗簇等的几何结构还没有得到系统研究.

1.1.2 李代数的几何及其应用

表示论中的许多信息都可以有几何解释,如典型李代数的表示与旗簇上导范畴之间有密切联系. 本小节将回顾与李代数相关的两个经典的几何对象——旗簇与幂零锥,以及这些对象的应用. 除此之外,还有许多几何对象出现在李理论中,如 elementary 子代数构成的簇([11]、[104]、[106])等.

1.1.2.1 旗簇

旗簇是代数簇中非常经典的例子. 旗簇的一个好处是:它常常可以作为某些基本概念中定义良好的例子出现. 同时,它还可能在不同的领域中出现,如在向量丛的示性类理论、镜像对称、表示理论等中出现.

一般而言,线性空间 V 的一个旗是指一组有包含关系的子空间:

$$0=V_0\subseteq V_{n_1}\subseteq V_{n_2}\subseteq\cdots\subseteq V_{n_k}=V,$$

使得 $\dim(V_{n_i})=n_i$. 由若干这样的旗构成的簇被称为旗簇.

在李理论中,人们发现复数域上简约群的全体 Borel 子群和典型李代数的全体 Borel 子代数都可以被看作由某个忠实表示空间 V 上的若干旗构成(代数群利用 Lie-Kolchin 定理,李代数利用 Lie 定理). 因而,在零特征域的李理论中,把代数群的全体 Borel 子群或者李代数的全体 Borel 子代数构成的簇称为旗簇，记作 $\mathcal{B}$.

1.1.2.2　旗簇的应用

事实证明，旗簇是李理论中一个非常好用的几何对象，本小节将简要介绍一部分应用.

（1）旗簇上 Perverse 层与表示理论有着密切关系. 假设基域为 $\mathbb{C}$，G 是连通简约代数群，$B\subset G$ 是 Borel 子群，$T\leqslant B$ 是 G 的极大环面，W 是 G 的 Weyl 群，$D_c^b(G/B)$ 是 G/B 上可构的有界导范畴，则 $D_c^b(G/B)$ 中存在相交上同调层 $IC(w)$，$w\in W$（[25]）. 令 H 是 W 的 Hecke 代数，$\{\underline{H}_w \mid w\in W\}$ 是 H 的 Kazhdan-Lusztig 基（[49]）. 根据 Kazhdan-Lusztig 的研究（[48]），相交上同调层的特征与 Hecke 代数的基相关，具体而言，$ch(IC(w))=\underline{H}_w$. 后续研究可见文献[16]、[32]、[35]等.

（2）在素特征域上李代数和代数群的表示理论中，Fiebig 把仿射旗簇上的 moment graph 层构成的范畴关联到李代数或量子群的表示范畴，由此可以得到量子群版本的 Lusztig 猜想（[32]）. 利用仿射旗簇上的 moment graph 层的 Hard Lefschetz 定理，Fiebig 针对 Lusztig 猜想进行了进一步研究（[33]）. 另外，旗簇上的 moment graph 层还在文献[30-32]中得到了研究.

Fiebig 发现旗簇上一类被称作 parity 层的对象与表示理论有关. 随后，他和 Williamson(2014)研究了 parity 层与 moment graph 的关系. 关于 parity 层的研究还在继续中，如文献[2]、[44]、[62]等.

旗簇的应用还有很多，以上只略举了两个方面. 基于旗簇的种种好处，为了实现 $W(n)$ 的几何表示，我们希望在 Cartan 型李代数中找到类似于“旗簇”的几何对象. 在文献[85]中，舒斌构造了 Borel 子代数的共轭类，并由此提出了 Cartan 型李代数几何表示的设想. 在此基础上，我们在 $W(n)$ 中找到了这样的子代数：它们首先能对应到某个线性空间的某些“旗”；其次它们还要符合文献[85]

中的某些合理的假设. 以便于更有效地研究. 本书把这样的子代数称为 B-子代数,由 B-子代数构成的簇称为旗簇.

(3) Springer 对应. 假设 W 是有限群,表示理论中一个非常漂亮的结论是其复数域上的有限维不可约线性表示的同构类数目和 W 的共轭类个数相同. 但遗憾的是,一般没有办法由 W 的共轭类直接构造 W 的不可约表示.

一个重要且非常经典的反例是 n 个变量的置换群 S_n. 当 $W=S_n$ 时,有一个组合的办法可以从 S_n 的共轭类出发,构造其不可约表示. 事实上,S_n 的共轭类和 n 的分拆一一对应,后者又可以一一对应到 Young 图. 进而,通过 Young 图可以构造出 S_n 的不可约表示.

在文献[100]中,Springer 针对上述对应给出了完全不同的解释. 他首先把 S_n 解释为简约代数群 $GL(n)$ 的 Weyl 群,其次从 $GL(n)$ 的幂幺元共轭类构造出 S_n 的全部不可约表示. 上述过程用几何的途径实现了 S_n 的不可约表示. 事实上,上述构造过程可以推广到一般的复简约群,即从复简约群的幂幺元共轭类构造其 Weyl 群的不可约表示. 基本过程是,将每个幂幺元的共轭类对应到一个簇(称为 Springer 纤维),Weyl 群虽然不能直接作用在这个簇上,但可以作用于其同调. 随后不久,Lusztig 用 Perverse Sheaves 的办法([59])重新构造了该表示,这种对应通常称为 Springer 对应. 后续研究包括文献[1]、[45]等.

$W(n)$ 中,由于极大环面子代数的共轭类有 $n+1$ 个,所以其对应的 Weyl 群也有 $n+1$ 个. 这些 Weyl 群出现了置换群 S_n 和李型有限群 $GL(n,\mathbb{F}_p)$. 按照 Springer 的思想,或许可以从 $W(n)$ 的角度给 $GL(n,\mathbb{F}_p)$ 的表示提供一种几何的构造方法.

1.1.3 模有限伪反射群

为简便起见,后文中简记 $GL(n,\mathbb{F}_p)$ 为 $GL_n(q)$,其中 $q=p^r$,p 是素数,r 是正整数. 对于自然 $GL_n(q)$-模 V,$GL_n(q)$ 可以自然作用于对称代数 $S^{\cdot}(V)$ 和外代数

$\wedge^{\cdot}(V)$的张量积上. 本书将探讨有限一般线性群 $\mathrm{GL}_n(q)$ 的一些伪反射子群在该张量作用下的模不变量,我们特别感兴趣的是 $\mathrm{GL}_n(q)$ 的抛物子群的子群,它是 Cartan 型李代数的 Weyl 群的推广.

设 G 是 $\mathrm{GL}_n(q)$ 的子群,则 G 中元素也是$\mathcal{P}=S^{\cdot}(V)$的分次代数自同构. G 不变量多项式的集合构成一个分次代数$\mathcal{P}^G$,称为不变量代数. 假设 M 是一个有限维$\mathbb{F}_qG$-模,那么,我们可以在自由$\mathcal{P}$-模$\mathcal{P}\otimes M$ 上得到一个诱导 G-作用. 集合$(\mathcal{P}\otimes M)^G$ 由所有$\mathcal{P}\otimes M$ 中的 G-不变元素组成,形成一个$\mathcal{P}^G$-模,它被 Broer 和 Chuai 称为 M 类型的余不变量模([9]). $\wedge^{\cdot}(V)$源于有限 p 群的模 p 上同调的计算和几何中不变微分形式的研究. 人们对$\mathcal{A}:=S^{\cdot}(V)\otimes\wedge^{\cdot}(V)$上的分次代数结构和$\mathcal{A}^G$ 上的$\mathcal{P}^G$ 模结构十分感兴趣. 近半个世纪以来,模不变量理论在代数拓扑中发挥着重要作用. 关于 Dickson 不变量与拓扑的关系可以参考文献[95]、[108].

$\mathcal{P}$(resp. $\mathcal{A}$)的 $\mathrm{GL}_n(q)$不变量由 Dickson([24])确定(resp. Mui[104]). 对于 n 的分拆 $I=(n_1,\cdots,n_l)$,令 $\mathrm{GL}_I(q)$为 $\mathrm{GL}_n(q)$的抛物子群

$$\mathrm{GL}_I(q)=\begin{pmatrix}\mathrm{GL}_{n_1}(q) & * & \cdots & * \\ 0 & \mathrm{GL}_{n_2}(q) & \cdots & * \\ \vdots & \vdots & \vdots & \vdots \\ 0 & 0 & \cdots & \mathrm{GL}_{n_l}(q)\end{pmatrix}.$$

通过推广([24]),Kuhn 和 Mitchell([52])证明代数$\mathcal{P}^{\mathrm{GL}_I(q)}$是 n 元多项式代数,其生成元的表达式可以明确写下来. Minh 和 Tung([63])在 $q=p$ 的情况下确定了$\mathcal{A}$ 的 $\mathrm{GL}_I(q)$不变量,因为他们使用了一些 Steenrod 代数的技巧. 对于任意 q,万金奎和王伟强([105])推广到$\mathcal{A}$ 的相对 $\mathrm{GL}_I(q)$不变量.

对于 $1\leqslant i\leqslant l$,给定 $\mathrm{GL}_{n_i}(q)$的子群 G_i,令 G_I 和 U_I 是分别具有如下形式的 $\mathrm{GL}_I(q)$的子群

$$G_I=\begin{pmatrix} G_1 & * & \cdots & * \\ 0 & G_2 & \cdots & * \\ \vdots & \vdots & \ddots & \vdots \\ 0 & 0 & \cdots & G_l \end{pmatrix}, U_I=\begin{pmatrix} I_{n_1} & * & \cdots & * \\ 0 & I_{n_2} & \cdots & * \\ \vdots & \vdots & \ddots & \vdots \\ 0 & 0 & \cdots & I_{n_l} \end{pmatrix},$$

其中 I_j 是 $\mathrm{GL}_j(q)$ 的单位矩阵. 这些群可以看作是一类特殊的粘合群(gluing group),最初由 Huang([41])引入. 特别地,$\mathcal{P}$ 的 G_I 不变量可以由文献[18],或文献[41]中的粘合引理(gluing lemma)确定.

第9章研究了当 G_i 为单位矩阵 I_{n_i}、一般线性群 $\mathrm{GL}_{n_i}(q)$、特殊线性群 $SL_{n_i}(q)$ 或非本原伪反射群 $G(m,a,n_i)$ 时,$\mathcal{A}$ 的 G_I 不变量. 由于 U_I 是 G_I 的正规子群,我们有 $\mathcal{P}^{G_I}\simeq(\mathcal{P}^{U_I})^{L_I}$ 和 $\mathcal{A}^{G_I}\simeq(\mathcal{A}^{U_I})^{L_I}$,其中 $L_I=G_I/U_I$ 是 U_I 在 G_I 中的商群. 因此,$\mathcal{P}$ 和 $\mathcal{A}$ 的 U_I 不变量起着核心作用. 本书的研究推广了 Minh-Tung([63])与 Mui([64])关于 $\mathcal{A}$ 的模不变量的结果.

值得注意的是,G_I 是 $\mathrm{GL}_I(q)$ 及 Cartan 型李代数的 Weyl 群的推广. 即,如果对于所有 i,都有 $G_i=\mathrm{GL}_{n_i}(q)$,那么 $G_I=\mathrm{GL}_I(q)$;如果 $l=2,q=p,G_1=\mathrm{GL}_{n_1}(q)$,$G_2=S_{n_2}$ 或 $S_{n_2}\ltimes\mathbb{Z}_2^{n_2}$,那么 G_I 是 Cartan 型李代数的 Weyl 群. 如果 G 是 Cartan 型李代数的 Weyl 群,那么本书中确定的不变量 $\mathcal{P}^G$ 和 $\mathcal{A}^G$ 将帮助我们理解 Cartan 型李代数的半单轨道和 Chevalley 限制定理. 同时,如果 $l\geqslant 2$ 且所有 G_i 都是伪反射群,那么 G_I 是一个模有限伪反射群,因为 $p\mid |U_I|$.

设 G 为 $\mathrm{GL}_n(q)$ 的有限子群,M 为有限维模. 非模不变量的结构和性质比模不变量的结构和性质好很多. 例如,以下结果在非模情况下为真,但在模情况下则不然:代数 $\mathcal{P}^G$ 是 Cohen-Macaulay 的,$(\mathcal{P}\otimes M)^G$ 是 Cohen-Macaulay $\mathcal{P}^G$-模([37]);不变量代数 $\mathcal{P}^G$ 是多项式当且仅当 G 是伪反射群(这可以追溯到 Chevally、Shephard、Todd 和 Bourbaki 的研究,参见[3,定理 7.2.1]、[47,定理 18-1]);当 G 是伪反射群时,所有余不变量模都是自由的. 这是模不变量环更难处理的主要原因之一.

对于 M 型的余变量模,Broer 和 Chuai 为$(\mathcal{P}\otimes M)^G$的$\mathcal{P}^G$-模结构提供了所谓的雅可比自由度准则([9,定理3]).本书的方法不依赖于这个结果,因为在本书的情形中验证雅可比准则似乎太难了.

1.2 主要结果和内容安排

1.2.1 主要结果

本书主要研究了三类问题:第一类是关于素特征代数闭域上 Cartan 型李代数(W 型、S 型和 H 型)的 Weyl 群以及它们的半单轨道.第二类是素特征代数闭域上 Jacobson-Witt 代数 $W(n)$的旗簇、齐次旗簇等几何结构,这些结构有助于对 $W(n)$的表示进行几何构造.同时,本书期望这些几何结构和 Weyl 群结构能与类似于经典情形下的 Springer 理论联系起来.第三类是一类模有限伪反射群(W、S、H 型李代数 Weyl 群的推广)的模不变量及其相关领域.具体研究成果如下:

第一部分是关于 $W(n)$自同构群的一些基本讨论与回顾.我们首先回顾了关于自同构群计算的一个重要算法;其次列出了自同构群与李代数之间其他算子的关系,以及自同构群与李代数滤过结构的关系.

第二部分是本书的主要内容之一.分别刻画了三类主要的 Cartan 型限制单李代数——W 型、S 型和 H 型的 Weyl 群.进一步地,通过 Weyl 群的作用,我们分别得到了这三类单李代数的半单轨道,即半单元素的共轭类.精确来说,我们用如下的定理描述半单轨道:

令 $\mathfrak{g}\in\{W(n),S(n)^{(1)},H(2m)^{(2)}\}$,基域的特征大于 2,$\mathfrak{t}_r$ 是 $\mathfrak{g}$ 的标准极大

环面子代数,其中 $0\leqslant r\leqslant s$,

$$s=\begin{cases} n & \text{如果 } \mathfrak{g}=W(n) \\ n-1 & \text{如果 } \mathfrak{g}=S(n)^{(1)} \\ m & \text{如果 } \mathfrak{g}=H(2m)^{(2)} \end{cases}.$$

令 $W(\mathfrak{g},\mathfrak{t}_r)$ 是对应 $\mathfrak{t}_r$ 的 Weyl 群,$r=0,\cdots,s$.

那么,如下集合完全刻画了 $\mathfrak{g}$ 的半单轨道:

$$\{\mathfrak{t}_r^r/W(\mathfrak{g},\mathfrak{t}_r)\mid 0\leqslant r\leqslant s\}.$$

第三部分研究了 $W(n)$ 的旗簇与齐次旗簇. 具体而言:

(1)在舒斌关于齐次 Borel 子代数共轭类的研究工作基础上,本书定义了一类 $W(n)$ 的子代数,称为 B-子代数. 进一步,本书获得了 B-子代数的共轭类并构造了一组良好的代表元,这是本书的主要定理之一:

如果基域$\mathbb{K}$的特征 $p>2$,$(p,n)\neq(3,1)$,那么在自同构群 $\mathrm{Aut}(W(n))$ 的作用下,$W(n)$ 的 B-子代数共有 $(n+1)$ 个共轭类. 标准 B-子代数$\mathfrak{b}_i(i=0,1,\cdots,n)$ 是这些共轭类的代表元.

因为 $W(n)$ 拥有阶化和滤过结构,所以我们进一步引入标准齐次 B-子代数的概念,并得到了它们的共轭类.

(2)$W(n)$ 齐次旗簇的结构. 我们发现,全体标准齐次 B-子代数具有簇结构,称为齐次旗簇. 如下的整体结构是本书的主要定理之一.

当基域的特征大于 2 时,$W(n)$ 齐次旗簇可以看作$\mathfrak{sl}(n+1)$ 旗簇的一个闭子簇,共有 $(n+1)$ 个连通分支,每个连通分支是单个共轭类构成的簇,同构于 $\mathfrak{gl}(n)$ 的旗簇.

关于两种局部结构的描述方法,一种是利用特殊的表示论信息,另一种则是轨道方法.

(3)$W(n)$ 旗簇的结构. $W(n)$ 上全体 B-子代数称为 $W(n)$ 旗簇,这部分的研究主要有以下成果:

首先,我们通过计算得到了标准 B-子代数$\mathfrak{b}_i$在自然表示下的完全旗表达.通过这些表达,我们可以计算出 $W(n)$的自同构群在$\mathfrak{b}_i$上的稳定化子.根据轨道方法,这些稳定化子实际上刻画了$\mathfrak{b}_i$所在的 B-子代数共轭类的簇结构.

其次,我们用阶化算子把旗簇投影到齐次旗簇上,借此获得旗簇的整体结构.事实上,我们可以认为旗簇是齐次旗簇上的"分段光滑纤维丛".

最后,我们发现 $W(n)$与$\mathfrak{sl}(n+1)$的自同构群拥有一个相同的子群.进一步地,通过这个子群在李代数中的作用,我们发现了如下定理:

令 $W(n)$是基域$\mathbb{K}$上的 Jacobson-Witt 代数,假设 $ch(\mathbb{K})>2$,$\mathcal{B}$是 $W(n)$上的旗簇(全体 B-子代数构成的簇),$\mathcal{B}_q$是 $W(n)$的第 q 个旗簇(第 q 个标准 B-子代数的共轭类全体),其中 $q=0,\cdots,n$,$\mathcal{F}l_{n+1}$是$\mathfrak{sl}(n+1)$的旗簇.

1)作为$\mathcal{F}l_s$的子簇,$\mathcal{B}=\cup_{q=0}^{n}\mathcal{B}_q$具有簇结构,其中 $s=p^n-1$.每个$\mathcal{B}_q$都是 G-轨道,因而是光滑簇.

2)对于 $q=0,\cdots,n$,$\mathcal{B}_q$是基空间 $G_0/B_+\simeq\mathcal{F}l_n$上以$\mathbb{A}^{d_q}$为纤维的纤维丛的完全空间,其中

$$d_q=\frac{n^2+3n-q^2-q}{2}p^q+\frac{n(n+1)}{2}-(n-q)(q+1)-\frac{1-p^q}{1-p}.$$

进一步地,若 $p\nmid n+1$,则下面的结论成立:

1)存在从$\mathcal{F}l_{n+1}$到 $\mathrm{pr}(\mathcal{B})$的嵌入映射.

2)每个$\mathcal{F}l_{n+1}$的 Bruhat 胞腔都可以嵌入到 $\mathcal{B}$ 中.

(4)借助以上的结构性信息,我们进一步研究了齐次旗簇与旗簇的若干几何和拓扑性质等.

第四部分是 Witt 代数,也就是 $W(1)$的几何.除了前述一般性结果在 $W(1)$上的应用,我们通过计算还得到了许多更加精确的结果,如把全体极大环面子代数构成的簇、齐次旗簇以及旗簇嵌入 $p-1$ 维射影簇中,得到了具体而清晰的簇结构.

第五部分是一类模有限伪反射群在多项式代数和外代数上的不变量.

1.2.2 内容安排

内容安排如下：

第 1 章是导论. 主要介绍研究背景、主要结果和内容安排、基本假设.

第 2 章是预备知识. 对本书中涉及的概念和知识的介绍，包括阶化李代数、滤过李代数、$W(n)$的基本性质、复数域半单李代数的 Weyl 群等.

第 3 章是自同构群及其性质. 首先，回顾自同构群的基本性质. 其次，证明一个计算具体自同构在代数上作用的引理. 最后，证明一些自同构与投影算子、嵌入算子的性质，这些性质将在后文中频繁用到.

第 4 章是极大环面子代数的 Weyl 群与几何. Demushkin（[22]、[23]）已经对极大环面子代数的共轭类进行了完整分类，并找到了一组代表元，称为标准环面子代数. 借此，我们得到了关于标准环面子代数的 Weyl 群. 进一步地，通过 Weyl 群的作用，我们分别得到了这三类单李代数的半单轨道，即半单元素的共轭类.

第 5 章是 $W(n)$的 B-子代数及其共轭类. 引入 B-子代数和标准齐次 B-子代数的概念，得到了 $W(n)$的 B-子代数和标准齐次 B-子代数的全部共轭类及其代表元，并初步研究了其性质，如滤过结构、维数等. 事实上，$W(n)$共有$(n+1)$个 B-子代数共轭类和标准齐次 B-子代数共轭类，它们被一个 G 不变量参数化，该不变量可以有两种解释，分别涉及极大环面子代数和滤过结构.

第 6 章是 $W(n)$的齐次旗簇及其性质. 我们把全体标准齐次 B-子代数构成的簇称为齐次旗簇. 事实上，$W(n)$的齐次旗簇同构于$\mathfrak{sl}(n+1)$的旗簇$\mathcal{F}l_{n+1}$ 的闭子簇，共有$(n+1)$个闭连通分支，其连通分支是单个标准齐次 B-子代数的共轭类，同构于 A 型李代数 $\mathfrak{gl}(n)$的旗簇$\mathcal{F}l_n$.

第 7 章是 $W(n)$的旗簇及其性质. 首先利用轨道知识得到每个 B-子代数的

共轭类的结构. 其次研究了旗簇与齐次旗簇的关系,以获得旗簇的一些整体结构和性质. 最后探究了 $W(n)$ 的旗簇与典型李代数 $\mathfrak{pgl}(n+1)$ 的旗簇之间的关系. 我们发现,在 $W(n)$ 旗簇的商簇中,$\mathfrak{sl}(n+1)$ 的旗簇的 Bruhat 胞腔作为子簇出现. 借助$\mathfrak{sl}(n+1)$ 的旗簇的拓扑结构和自同构群的作用,我们得到了 $W(n)$ 的旗簇上的拓扑结构.

第 8 章是 $W(1)$ 的几何. 一方面,$W(1)$ 是 Jacobson-Witt 代数的特例,所以前面所有的知识都可以直接应用在 $W(1)$ 上. 另一方面,许多在一般情形下无法计算的结论可以在 $W(1)$ 中直接计算验证或者获得. 比如,$W(1)$ 的极大环面子代数构成的簇、旗簇、齐次旗簇、Springer 簇都有非常具体的刻画,本书中出现的许多函子也能显著表达.

第 9 章是伪反射群的不变量. $GL_n(q)$ 在自然模 V 上的作用可以诱导在对称代数 $S^{\cdot}(V)$ 和外代数 $\wedge^{\cdot}(V)$ 的张量积上的作用. 本章研究了该作用的不变量. 我们特别感兴趣的是 $GL_n(q)$ 的抛物子群的一类子群,这类子群是第 4 章所讨论的 Weyl 群的自然推广.

1.3 基本假设

除非特别说明,假设基域$\mathbb{K}$是特征 p 大于 2 的代数闭域且$(p,n)\neq(3,1)$. 进一步地,对于 $W(n)$,某些结果还需要假设 $p\nmid n+1$,记 $I=\{0,\cdots,p-1\}$.

令 $\mathrm{i}:\mathfrak{sl}(n+1)\hookrightarrow W(n)$ 是限制李代数的同态映射,定义如下:

如果 $M=(m_{ij})\in\mathfrak{sl}(n+1)$,那么

$$\mathrm{i}(M)=\sum_{i,j=1}^{n} m_{ij}x_i\partial_j+\sum_{i=1}^{n} m_{n+1,i}(-\partial_i)+\sum_{i=1}^{n} m_{i,n+1}(p_i)+m_{n+1,n+1}\sum_{l=1}^{n} x_l\partial_l,$$

其中 $p_i = x_i \sum_{j=1}^{n} x_j \partial_j, i = 1, \cdots, n$.

特别地，$\mathfrak{sl}(n+1)$ 可以按照上述方式看作 $W(n)$ 的子空间. 因而，我们可以定义投影映射如下

$$\mathrm{pr}: W(n) \twoheadrightarrow \mathfrak{sl}(n+1).$$

特别地，pr 是线性空间之间的线性映射，详细定义参见定义 12.

注记 1：在本书中，除非特殊说明，i 和 pr 特指上述定义的映射.

注记 2：无论是 Cartan 型李代数还是李超代数，同态 i 在研究中都扮演着重要的角色，李代数参考[65]，李超代数参考[15].

第2章　预备知识

2.1　阶化李代数与滤过李代数

本节将首先回顾阶化李代数和滤过李代数及其自同构的基本概念及主要结果. 作为应用,下文将证明 $W(n)$ 是滤过李代数,也满足本节的假设条件,因而继承本节的性质.

定义1: 代数 A 的一个下降滤链是一组子空间 $(A_{(k)})_{k\in\mathbb{Z}}$,使:

(1) $A_{(k)}\subseteq A_{(l)}$, $\forall k\geqslant l$.

(2) $A_{(k)}A_{(l)}\subseteq A_{(k+l)}$, $\forall k,l\in\mathbb{Z}$.

此时,我们称该配对 $(A,(A_{(k)})_{k\in\mathbb{Z}})$ 为滤过李代数.

注记3: 类似地,我们可以定义 A 的上升滤链,只要把定义1中的(1)替换为 $A_{(k)}\subseteq A_{(l)}$, $k\leqslant l$.

注记4: 除非特殊说明,本书中"滤链"指"下降滤链".

定义2: 限制李代数 $(L,[p])$ 的一个滤链 $(L_{(n)})_{n\in\mathbb{Z}}$ 称为是限制的,如果

$$(L_{(n)})^{[p]} \subseteq L_{(pn)}, \forall n \in \mathbb{Z}.$$

定义 3:G 是一个 Abelian 群,L 的一个 G-阶化是指一组子空间$(L_g)_{g\in G}$,使得 $L=\bigoplus_{g\in G}L_g$ 且 $L_hL_g \subseteq L_{h+g}$,$\forall g,h \in G$.

此时,称配对$(L,(L_n)_{n\in G})$是一个 G-阶化李代数,L_g 中的元素称为 g 齐次元.

下述引理体现了滤过李代数与阶化李代数的关系,细节可以参考文献[103].

引理 1:如果$(L,(L_n)_{n\in\mathbb{Z}})$是一个$\mathbb{Z}$-阶化李代数,那么$(L,(L_{(n)})_{n\in\mathbb{Z}})$是一个滤过李代数,其中 $L_{(n)}=\sum_{i\geq n}L_i$.

引理 2:如果$(L,(L_{(n)})_{n\in\mathbb{Z}})$是一个滤过李代数,下述结论成立:

(1)$(\mathrm{gr}(L),(L_i)_{i\in\mathbb{Z}})$是一个$\mathbb{Z}$-阶化李代数,其中

$$L_i := L_{(i)}/L_{(i+1)}, \mathrm{gr}(L) := \bigoplus_{i\in\mathbb{Z}}L_i$$

李括号定义为$[\bar{x},\bar{y}]=\overline{[x,y]}$,$x\in L_{(i)}$,$y\in L_{(j)}$.

(2)如果 L 和$(L_{(n)})_{n\in\mathbb{Z}}$都是限制的,那么$(\bar{x})^{[p]} := \overline{x^{[p]}}$定义了 $\mathrm{gr}(L)$上的 p-映射,使 $\mathrm{gr}(L)$上的阶化是限制的.

现给定$\mathbb{Z}$-阶化李代数$(L,(L_n)_{n\in\mathbb{Z}})$,我们可以得到滤过李代数

$$(L,(L_{(n)})_{n\in\mathbb{Z}}).$$

定义 4:令 $G := \mathrm{Aut}(L)$,如果$(L,(L_{(n)})_{n\in\mathbb{Z}})$是一个滤过李代数,$G=G_0 \ltimes U$,其中 G_0 是齐次的,$u\cdot x-x\in L_{(i+1)}$对任意的 $u\in U$,$x\in L_{(i)}$,$i\in\mathbb{Z}$都成立,那么,我们称$(L,(L_{(n)})_{n\in\mathbb{Z}},G,G_0,U)$满足"滤过假设".

引理 3:令$(L,(L_n)_{(n\in\mathbb{Z})})$是一个阶化李代数,使$(L,(L_{(n)})_{(n\in\mathbb{Z})},G,G_0,U)$满足滤过假设,$\mathfrak{b}$ 是 L 的阶化李子代数,那么 $\mathfrak{b}$ 的共轭类中的任何元素都是滤过的.即对任何 $g\in G$,$\mathfrak{c} := g\cdot\mathfrak{b}$ 都可以有一个滤过结构$(\mathfrak{c}_{(n)})_{(n\in\mathbb{Z})}$.进一步地,如果 L,$(L_{(n)})$和 $\mathfrak{b}$ 都是限制的,并且 g 是一个限制自同构,那么$(\mathfrak{c}_{(n)})$也是限

制的.

证明:由于 $\mathfrak{b}$ 是 L 的一个阶化子代数,$\mathfrak{b}=\bigoplus_{i\in\mathbb{Z}}\mathfrak{b}_i$,其中$\mathfrak{b}_i=\mathfrak{b}\cap L_i$,对于所有的 $n\in\mathbb{Z}$,

$$\mathfrak{b}_{(n)}:=\bigoplus_{i\geqslant n}\mathfrak{b}_i=\mathfrak{b}\cap L_{(n)},$$

定义了 $\mathfrak{b}$ 上的一个滤过结构.

令$\mathfrak{c}_{(n)}:=\boldsymbol{g}\cdot\mathfrak{b}_{(n)}$,通过以下步骤,我们可以证明$(\mathfrak{c}_{(n)})$满足滤过李代数的定义:

(1)如果 $m\geqslant n$,$\mathfrak{b}_{(m)}\subseteq\mathfrak{b}_{(n)}$,那么,$\mathfrak{c}_{(m)}=\boldsymbol{g}\cdot\mathfrak{b}_{(m)}\subseteq\mathfrak{c}_{(n)}=\boldsymbol{g}\cdot\mathfrak{b}_{(n)}$.

(2)对任意 $m,n\in\mathbb{Z}$,$[b_{(m)},b_{(n)}]\subseteq\mathfrak{b}_{(m+n)}$,有

$[\mathfrak{c}_{(m)},\mathfrak{c}_{(n)}]=[\boldsymbol{g}\cdot\mathfrak{b}_{(m)},\boldsymbol{g}\cdot\mathfrak{b}_{(n)}]=\boldsymbol{g}\cdot[\mathfrak{b}_{(m)},\mathfrak{b}_{(n)}]\subseteq\boldsymbol{g}\cdot\mathfrak{b}_{(m+n)}=\mathfrak{c}_{(m+n)}$.

因此,$(\mathfrak{c},\mathfrak{c}_{(n)})$是 L 的一个滤过李子代数.

限制的性质方面,我们先验证$(\mathfrak{b},\mathfrak{b}_{(n)})$是限制的. 事实上,

$$\mathfrak{b}^{[p]}\subseteq\mathfrak{b},(L_{(n)})^{[p]}\subseteq L_{(pn)}.$$

这导致

$$\mathfrak{b}_{(n)}^{[p]}\subseteq\mathfrak{b}^{[p]}\cap(L_{(n)})^{[p]}\subseteq\mathfrak{b}\cap L_{(pn)}=\mathfrak{b}_{(pn)}.$$

进一步地,由于 $\boldsymbol{g}$ 作用与$[p]$-映射可交换,我们得到

$$(\mathfrak{c}_{(n)})^{[p]}=\boldsymbol{g}\cdot(\mathfrak{b}_{(n)}^{[p]})\subseteq\boldsymbol{g}\cdot\mathfrak{b}^{[p]}\cap\boldsymbol{g}\cdot(L_{(n)})^{[p]}$$
$$\subseteq\boldsymbol{g}\cdot\mathfrak{b}\cap\boldsymbol{g}\cdot L_{(pn)}=\boldsymbol{g}\cdot\mathfrak{b}_{(pn)}=\mathfrak{c}_{(pn)}.$$

引理得证.

定义 5:假设$(L,(L_i)_{(i\in\mathbb{Z})})$是一个$\mathbb{Z}$-阶化李代数,使每个齐次空间都是有限维. L 的阶化维数定义为 L 的 Poincare 多项式,即

$$\operatorname{gdim}(L,(L_i)):=\sum_{i\in\mathbb{Z}}\dim L_i t^i\in\mathbb{N}[[t,t^{-1}]].$$

进一步地,如果$(A,(A_{(n)})_{(n\in\mathbb{Z})})$是一个滤过李代数,使 $\operatorname{gr}(A)$的每个齐次子空间都是有限维,我们定义它的阶化维数如下:

$$\mathrm{gdim}(A,(A_{(n)})) := \mathrm{gdim}(\mathrm{gr}(A),(\mathrm{gr}(A)_i))$$
$$= \sum_{i\in\mathbb{Z}} \dim(A_{(i)}/A_{(i+1)})t^i \in \mathbb{N}[[t,t^{-1}]].$$

引理 4: 令$(L,(L_i)_{(i\in\mathbb{Z})})$是一个$\mathbb{Z}$-阶化李代数,使每个齐次空间都是有限维,$(L,(L_{(i)})_{(i\in\mathbb{Z})})$是与它相伴的滤过李代数. 如下结论成立:

(1) $\mathrm{gdim}(L,(L_i)) = \mathrm{gdim}(L,(L_{(i)}))$. 特别地,我们可以直接使用记号 gdim (L)而不用计较其究竟是阶化结构还是滤过结构.

(2) 再假设$(L,(L_i)_{(i\in\mathbb{Z})},G,G_0,U)$满足滤过假设(定义 4),并且$\mathfrak{b}$是$L$的阶化子空间,i. e. $\mathfrak{b}=\bigoplus_{i\in\mathbb{Z}}(\mathfrak{b}\cap L_i)$,那么,对于任意$g\in G$,$\mathrm{gdim}(g\cdot\mathfrak{b})$定义良好,且

$$\mathrm{gdim}(\mathfrak{b}) = \mathrm{gdim}(g\cdot\mathfrak{b}).$$

也就是说,阶化维数是G-不变的.

证明: (1) 可以由 $\mathrm{gr}(L) = \bigoplus_{i\in\mathbb{Z}} L_{(i)}/L_{(i+1)} = \bigoplus_{i\in\mathbb{Z}} L_i = L$ 得到.

(2) 由$(L,(L_i)_{i\in\mathbb{Z}},G,G_0,U)$满足滤过假设知:

1) $\mathrm{gr}(g_0\cdot\mathfrak{b}) = g_0\cdot\mathfrak{b}$, $\forall g_0\in G_0$.

2) $\mathrm{gr}(u\cdot\mathfrak{b}) = \mathfrak{b}$, $\forall u\in U$.

因而结论成立.

2.2　Cartan 型李代数

本节回顾 Cartan 型李代数的一般性定义、基本性质和分类定理,更多细节可参见文献[102].

定义 6: 基域$\mathbb{K}$上的交换结合代数 $O(m)$的生成元为 $x_i^{(r)}$, $1\leqslant i\leqslant m$, $r\geqslant 0$,生成关系为

$$x_i^{(0)}=1,x_i^{(r)}x_i^{(s)}=\binom{r+s}{r}x_i^{(r+s)},1\leqslant i\leqslant m,r,s\geqslant 0.$$

令 $x_i:=x_i^{(1)},x^{(a)}:=x_1^{(a_1)}\cdots x_m^{(a_m)}$,其中 $a=(a_1,\cdots,a_m)\in\mathbb{N}^m$,则$\{x^{(a)}\mid a\in\mathbb{N}^m\}$是 $O(m)$的一组基.

令 $O(m)_{(j)}:=\mathrm{span}\{x^{(a)}\mid |a|\geqslant j\}$,则$(O(m)_{(j)})_{j\geqslant 0}$是 $O(m)$的一个理想降链,同时定义了一个滤过结构.

定义 7: 任意 m-元组 $\underline{n}:=(n_1,\cdots,n_m)\in(\mathbb{N}\cup\{\infty\})^m$,$p^{\infty}:=\infty$,令

$$O(m;\underline{n}):=\mathrm{span}\{x^{(a)}\mid 0\leqslant a_i<p^{n_i}\}.$$

对于任意 i,把 $O(m)$上的导子记作 ∂_i,∂_i 的定义为 $\partial_i(x_j^{(r)})=\delta_{i,j}x_j^{(r-1)}$.

定义 8: 令

$$W(m):=\sum_{i=1}^{m}O(m)\partial_i,$$

$$W(m;\underline{n}):=\sum_{i=1}^{m}O(m;\underline{n})\partial_i.$$

这些代数称为 Jacobson-Witt 代数.

注记 5: Strade([102])将这类代数称为 Witt 代数,本书使用 Witt 代数特指 $W(1)$.

为定义其上的微分形式,令:

$$\Omega^0(m):=O(m),$$

$$\Omega^1(m):=\mathrm{Hom}_{O(m)}(W(m),O(m)),$$

$$\Omega^r(m):=\bigwedge_r\Omega^1(m),$$

$$\Omega(m):=\bigoplus\Omega^r(m).$$

那么,任意 $W(m)$中元素 D 可以看作 $\Omega(m)$上的导子作用,其定义由如下归纳得到:

$(D\omega)(E):=D(\omega(E))-\omega([D,E])$,对任意 $D,E\in W(m)$,$\omega\in\Omega^1(m)$.

$D(\omega_1 \wedge \omega_2) = D(\omega_1) \wedge \omega_2 + \omega_1 \wedge D(\omega_2)$，对任意 $\omega_1, \omega_2 \in \Omega(m)$.

对任意 $f \in O(m)$，$D \in W(m)$，定义线性映射如下

$$d: \Omega^0(m) \to \Omega^1(m), (df)(D) = D(f).$$

注意到，每一个 $\lambda \in \Omega^1(m)$ 都被它在 $\partial_1, \cdots, \partial_m$ 上的作用确定，即 $\lambda = \sum_j \lambda(\partial_j) dx_j$. 因而 $\Omega^1(m)$ 是 $O(m)$ 上基为 $\{dx_1, \cdots, dx_m\}$ 的自由模.

类似地，还可以定义 $\Omega(m;\underline{n}) := \bigoplus \Omega^r(m;\underline{n})$.

如下的微分形式在 Cartan 关于伪群的研究工作中扮演着重要角色([10])，它们在素特征的研究中显得尤为有趣而重要.

$$\omega_S := dx_1 \wedge \cdots \wedge dx_m, m \geqslant 3;$$

$$\omega_H := \sum_{i=1}^{r} dx_i \wedge dx_{i+r}, m = 2r;$$

$$\omega_K := dx_m + \sum_{i=1}^{2r} \sigma(i) x_i dx_{i'}, m = 2r+1,$$

其中

$$i' := \begin{cases} i+r, \\ i-r, \end{cases} \sigma(i) := \begin{cases} 1, & 1 \leqslant i \leqslant r \\ -1, & r+1 \leqslant i \leqslant 2r \end{cases}.$$

定义 9：这些微分算子定义了 $W((m))$ 的如下一些李子代数：

$$S(m) := \{D \in W(m) \mid D(\omega_S) = 0\},$$

$$CS(m) := \{D \in W(m) \mid D(\omega_S) \in \mathbb{K}\omega_s\},$$

$$H(2r) := \{D \in W(2r) \mid D(\omega_H) = 0\},$$

$$CH(2r) := \{D \in W(2r) \mid D(\omega_H) \in \mathbb{K}\omega_H\},$$

$$K(2r+1) := \{D \in W(2r+1) \mid D(\omega_H) \in O(2r+1)\omega_K\},$$

$$X(m;\underline{n}) := X(m) \cap W(m;\underline{n}),$$

对任意 $r, m \in \mathbb{N}$，$\underline{n} \in (\mathbb{N} \cup \{\infty\})^m$，$X \in \{S, CS, H, CH, K\}$.

注记 6：$X(m,\underline{n})$ 有限维当且仅当 $\underline{n} \in \mathbb{N}^m$.

当 $X=W,S,H$ 时，对任意 i，$\deg(x_i)=1$，$\deg(\partial_i)=-1$，定义了 $X(m,\underline{n})$ 的阶化结构和滤过结构.

定义 10：令 $(0)\subseteq L_{(-r)}\subseteq\cdots\subseteq L_{(s)}=L$ 是一个滤过，如果存在 $X\in\{W,S,CS,H,CH,K\}$，$m\in\mathbb{N}$，$\underline{n}\in\mathbb{N}^m$，以及存在一个阶化代数的嵌入 $\psi:\mathrm{gr}L\to X(m;\underline{n})$ 使 $X(m;\underline{n})^{(\infty)}\subset\psi(grL)\subset X(m;\underline{n})$，那么，$L$ 称为 X 型的 Cartan 型李代数.

历史上，Cartan 型李代数曾经出现过许多定义. 原始定义出现在文献[50]中，这个定义要求代数是限制的. 紧接着，文献[51]、[109]将该定义推广到非限制李代数的情形. 在最开始的研究中，研究者依然只关注阶化李代数. 到了文献[46]、[110]，Cartan 型李代数的定义才有了进一步的推广.

另外，利用更为一般的微分形式，文献[46]提供了另一种看待 Cartan 型李代数的方式. 事实上，在文献[110]中的定义下，这些代数实际上就是广义的 Cartan 型李代数. Kac 的途径随后被 Skryabin 在文献[96-99]中得以进一步推广.

在 Cartan 型李代数或者李超代数的表示方面，目前主要借鉴典型李代数的结果和阶化李代数的特有性质，如文献[112]、[113]分别研究了 Hamiltonian 代数和超代数的表示.

接下来，我们将介绍 Cartan 型李代数的同构定理和分类定理. 这些重要的结果表明 Cartan 型李代数在非结合代数中的研究中是不可或缺的.

引理 5：如果 L 是特征大于 7 的代数闭域$\mathbb{K}$上有限维限制单李代数，那么 L 要么是典型单李代数，要么是 Cartan 型单李代数.

引理 6：当基域的特征大于 5 时，Cartan 型限制单李代数为：$W(n;\underline{1})$，$S(n;\underline{1})^{(1)}$，$H(2r;\underline{1})^{(2)}$，$K(2r+1;\underline{1})^{(1)}$，其中 $\underline{1}=(1,\cdots,1)\in\mathbb{N}^n$.

引理 7：（Jacobson-Witt 代数的同构）

(1)假设 L 是 Witt 型单李代数，那么 $L\simeq\mathrm{gr}(L)$.

(2)$W(m;\underline{n})$ 与 $W(m_1,\ \underline{n}_1)$ 同构当且仅当经过重新计数之后，$m=m_1$ 且 $\underline{n}=\underline{n}_1$.

2.3 Jacobson-Witt 代数的基本性质

由以上介绍可以看出,在 Cartan 型李代数的相关理论中,$X(n;\underline{1})$扮演着重要的角色. 在本书中,除非特殊说明,我们将使用 $X(n)$代替 $X(n;\underline{1})$,其中 $n\geqslant 1$,$X\in\{W,S,H,K\}$. 本节我们将回顾它们的一些重要的结构和表示论知识. 更多信息请参考文献[65]、[102]、[103].

定义截头多项式代数 $A(n)$为多项式代数$\mathbb{K}[T_1,\cdots,T_n]$商掉由 $T_1^p,\cdots,T_n^p$ 生成的理想之后形成的商代数,令 x_i 为 T_i 在这个商代数中的像,那么

$$A(n)=\sum_{\underline{a}\in I^n}\mathbb{K}X^{\underline{a}}$$

其中 $X^{\underline{a}}=x_1^{a_1}\cdots x_n^{a_n}$,$\underline{a}=(a_1,\cdots,a_n)\in I^n$. 有时候,我们也把 $A(n)$记作 $A(x_1,\cdots,x_n)$,以强调不定元. 对比 $O(n;\underline{1})$的定义,可以轻易得到引理 8.

引理 8: 当 $\mathrm{ch}(\mathbb{K})=p>0$ 时,$A(n)\simeq O(n;\underline{1})$.

因此,我们可以把 $W(n)$解释为自由 $A(n)$-模,其自由基为$\{\partial_1,\cdots,\partial_j\}$并且 $\partial_i(x_j)=\delta_{i,j}$. 更精确地说,对任意$f_1,f_2\in A(n)$,$\underline{a}\in I^n$,

$$\partial_i(x^{\underline{a}})=a_i x^{\underline{a}-\epsilon_i},$$

$$[f_1\partial_i,f_2\partial_j]=f_1\partial_i(f_2)\partial_j-f_2\partial_j(f_1)\partial_i.$$

下面,我们将列举本书中要用到的主要性质:

性质 1:(1)$\{x^{\underline{a}}\partial_i\mid 1\leqslant i\leqslant n;\underline{a}\in I^n\}$是域$\mathbb{K}$上 $W(n)$的一组线性基. 特别地,$\dim_{\mathbb{K}}W(n)=np^n$.

(2)$[D,fE]=D(f)E+f[D,E]$,对任意 $D,E\in W(n)$,$f\in A(n)$.

(3)$W(n)_{[i]}:=\mathrm{span}_{\mathbb{K}}\{x^{\underline{a}}\partial_l\mid |\underline{a}|=i+1\}$定义了 $W(n)$上的一个阶化结构,称

为自然阶化,其诱导的滤过结构称为 $W(n)$ 的自然滤过结构. 因而

$$W(n)=\bigoplus_{i=-1}^{s}W(n)_{[i]},s=n(p-1)-1,$$

是一个阶化李代数.

(4) 当 $n\geqslant 2$ 时,$W(n)$ 可以由 $W(n)_{[-1]}\oplus W(n)_{[1]}$ 代数生成.

(5) $A(n)$ 是一个 $W(n)$-模,其模结构为

$$(f\partial_i)\cdot g:=f\partial_i(g)$$

对任意 $f\partial_i\in W(n)$, $g\in A(n)$. 我们称对应的表示 $\rho:W(n)\rightarrow\mathfrak{gl}(A(n))$ 为 $W(n)$ 的自然表示.

(6) 自然表示 ρ 可以诱导出同构:$\bar{\rho}:W(n)_0\rightarrow\mathfrak{gl}(A(n)_1)$. 要注意:

$$W(n)_{[0]}=\langle x_i\partial_j\mid i,j=1,\cdots,n\rangle,A(n)_1=\langle x_1,\cdots,x_n\rangle$$

从而得到 $\bar{\rho}(x_i\partial_j)=E_{ij}$,把 x_j 作用到 x_i.

引理 9: 当 $p=3$ 时,有限制李代数同构 $W(1)\simeq\mathfrak{sl}(2)$.

证明: 当 $p=3$, $W(1)=\langle\partial,x\partial,x^2\partial\rangle$,容易验证 $\varphi:W(1)\rightarrow\mathfrak{sl}(2)$, $\varphi(\partial)=-f$, $\varphi(x\partial)=2h$, $\varphi(x^2\partial)=e$ 给出了限制李代数之间的同构映射.

注记 7: 因为 $(p,n)=(3,1)$ 的情况不具有普遍性,而且可以用典型李代数的理论进行研究,所以我们在全书中都回避这种情形.

注记 8: 当特征比较小的时候,许多性质会不成立,所以除非特殊说明,本书中都假设特征大于 2 且 $(p,n)\neq(3,1)$.

2.4 复数域半单李代数的 Weyl 群、半单轨道与几何

本节将极为简要地回顾在复数域上半单代数群和李代数的 Weyl 群、旗簇、

幂零锥的主要性质,这些经典结果为我们素特征下的 Cartan 型李代数研究提供了充足的动机. 更多细节可以参考文献[6]、[7]、[12]、[26]、[38]、[75].

令 G 是复半单连通代数群;$\mathfrak{g}$ 是其李代数;B 是一个 Borel 子群,即 G 的极大可解子群;T 是 B 中的一个极大环面;U 是 B 的幂幺根基,因此 $B=T\cdot U$. 特别地,B 是连通的. 记 $\mathfrak{b}$(*resp.* $\mathfrak{h},\mathfrak{n}$)是 B(*resp.* T,U)的李代数. 因而,$\mathfrak{b}=\mathfrak{h}\oplus\mathfrak{n}$,$\mathfrak{n}=[\mathfrak{b},\mathfrak{b}]$.

令 $W(T):=N_G(T)/C_G(T)$,称为关于 T 的 Weyl 群. Weyl 群是典型群或者典型李代数中非常重要的一个代数对象. 根据 Chevalley 限制定理,$\mathbb{C}[\mathfrak{g}]^G\simeq\mathbb{C}[\mathfrak{t}]^W$. 进一步地,$\mathfrak{g}$ 中的半单轨道可以用 Weyl 群在 $\mathfrak{t}$ 上作用的轨道描述(具体可参见文献[20]).

令$\mathcal{B}_{\mathfrak{g}}$ 是 $\mathfrak{g}$ 的全体 Borel 子代数构成的集合,称为旗簇. 事实上,$\mathcal{B}_{\mathfrak{g}}$ 可以看成 $\mathfrak{g}$ 的若干 Grassmannian 的拓扑积的闭子簇,因而是射影簇. Borel 子代数和旗簇有着许多良好性质,如 $\mathfrak{g}$ 的全体 Borel 子代数在 G 的作用下是彼此共轭的,$\mathfrak{b}$ 的稳定子群恰好是 B,即 $N_G(\mathfrak{b})=B$.

定义映射 $\alpha:G/B\to\mathcal{B}_{\mathfrak{g}}$ 为 $g\mapsto g\cdot\mathfrak{b}\cdot g^{-1}$,那么 α 是代数簇之间的 G-等变态射等. 更多细节可参见文献[6]、[38].

2.5　旗簇

定义 11: 域$\mathbb{K}$上的 n-维线性空间 V 的旗$\mathcal{F}$是一个子空间的上升序列,即

$$\mathcal{F}=(0\subseteq V_1\subseteq\cdots\subseteq V_n=V).$$

如果$\dim_{\mathbb{K}}(V_i)=i$,对所有的 $i=1,\cdots,n$ 都成立,那么称$\mathcal{F}$是一个完全旗;否则,称$\mathcal{F}$为部分旗.

可以证明，V 上全体完全旗构成的集合具有一个簇结构（见文献[38]），称为旗簇，记作$\mathcal{F}l_n$. $\mathrm{GL}(n)$在 V 上的自然作用诱导在$\mathcal{F}l_n$ 上的作用. 对旗$\mathcal{F}\in\mathcal{F}l_n$，记$\mathcal{F}$的稳定化子为

$$B=\mathrm{Stab}_{\mathrm{GL}(n)}(\mathcal{F}).$$

可以证明，B 是 $\mathrm{GL}(n)$的 Borel 子群. 存在 $g\in\mathrm{GL}(n)$，使 $B=gB_+$，其中 B_+由 $\mathrm{GL}(n)$的全体上三角矩阵构成（参考文献[23]）. 进一步地，$\mathcal{F}l_n$ 同构于齐次空间 $\mathrm{GL}(n)/B_+$，这与$\mathfrak{sl}(n)$或 $\mathfrak{gl}(n)$中全体 Borel 子代数构成的簇同构.

对每个完全旗

$$\mathcal{F}=(V_0\subseteq\cdots\subseteq V_n)\in\mathcal{F}l_n,$$

存在一个 n 元组$(v_1,\cdots,v_n)\in V^n$，使 $V_i=\langle v_1,\cdots,v_i\rangle$，$i=1,\cdots,n$. ①如无特殊说明，本书中我们将记$\mathcal{F}=(v_1,\cdots,v_n)$. 接下来，记

$$\mathcal{F}_\epsilon=(\epsilon_1,\cdots,\epsilon_n)\in\mathcal{F}l_n,$$

其中 $\epsilon_i=(\delta_{i1},\cdots,\delta_{in})\in V$.

可以证明，B_+是$\mathcal{F}_\epsilon$ 的稳定化子，并且存在唯一的 $gB_+\in\mathrm{GL}(n)/B_+$使得

$$\mathcal{F}=g\cdot\mathcal{F}_\epsilon.$$

2.6 自同构群的李代数

可以证明，存在如下簇同构：

$$\mathrm{Lie}(G)=W(n)_{(0)},\mathrm{Lie}(G_0)=W(n)_{[0]}\text{及 }\mathrm{Lie}(U)=W(n)_{(1)}.$$

进一步地，在嵌入映射 $\mathrm{Lie}(G)\subseteq W(n)$中，$G$ 在 $W(n)$上模结构的微分与左

① n 元组$(v_1,\cdots,v_n)$的选择不是唯一的.

伴随作用吻合(见文献[58]).

对每个 $D \in W(n)_{(1)}$,D 满足文献[57]附录(A.2)中的条件. 对每个 x_i,对应

$$\Psi_D(t)(x_i) = x_i + tD(x_i)$$

唯一地延拓为代数同态 $\Psi_D(t): A(n) \to A(n)$, $\forall t \in \mathbb{K}$. 由于 $D(x_i) \in A(n)_{(2)}$, $\Psi_D(t)$ 是代数自同构且落在 U 中. 类似于文献[57]中关于 G 的讨论,

$$\Psi_D: \mathbb{K} = G_a \to U$$

是一个簇同构,且

$$\Psi_D(t)(\partial_i) = \partial_i - t\sum_{j=1}^{n} \partial_i(D(x_j))\partial_j + \sum_{k=2}^{p-1}\sum_{j=1}^{n} t^k f_{kj}\partial_j,$$

其中 $f_{kj} \in A(n)_{(k)}$. 微分映射 $d\Psi_D: \mathrm{Lie}(G_a) \to \mathrm{Lie}(U)$ 的像是 $\mathbb{K}D$.

第3章　自同构群及其性质

3.1　$W(n)$的自同构群

性质2:假设 $p\neq3$ 或 $p=3$ 时 L 是不同构于下列情形之一的 Cartan 型限制单李代数:

$$W(1),H(2;\underline{1})^{(2)},H(2;\underline{1};\phi(\tau))^{(1)}$$

$$H(2;\underline{1};\phi(1)),H(2;\underline{1};\phi(2))$$

σ 是 L 的任意自同构,则存在 $A(n)$ 的自同构 $\tilde{\sigma}$,使得

$$\sigma(D)=\tilde{\sigma}\circ D\circ\tilde{\sigma}^{-1} \text{ 对任意 } D\in L.$$

进一步地,上述方式定义的映射 $\Phi:\mu\mapsto\Phi_\mu$ 给出了如下的群同构:

$$\mathrm{Aut}(A(n))\simeq\mathrm{Aut}(W(n)),$$

$$\{\mu\in\mathrm{Aut}(A(n))\mid\det(\partial_i(\mu(x_j)))\in\mathbb{K}^*\}\simeq\mathrm{Aut}(S(n)^{(1)}).$$

对于 $A(n)$，其上的自同构被它在 $x_i, i=1,\cdots,n$ 上作用的像完全确定. 精确地说，如果 μ 是 $A(n)$ 上的一个代数自同构，记

$$\widetilde{\mu}_i := \mu(x_i) \in A(n), i=1,\cdots,n,$$

为 μ 作用在 x_i 上的像，那么对任意的 $f(x_1,\cdots,x_n)\in A(n)$，有

$$\mu: f(x_1,\cdots,x_n) \mapsto f(\widetilde{\mu}_1,\cdots,\widetilde{\mu}_n).$$

注记 9：对于自同构 $\mu \in \mathrm{Aut}(A(n))$，我们约定使用如下记号：

(1) $\widetilde{\mu}_j := \mu(x_j) \in A(n), j=1,\cdots,n.$

(2) $J(\mu) := (\partial_i(\widetilde{\mu}_j)) \in \mathrm{Mat}_{n\times n}(A(n)).$

根据上述记号的约定，如下引理是显然的：

引理 10：$\mu \in \mathrm{Aut}(A(n))$ 能诱导出 $S(n)$ 的自同构当且仅当 $\det(J(\mu)) \in \mathbb{K}^*$.

接下来的引理有关单个自同构的性质和判定法则，根据 $A(n)$ 的代数结构，该引理可以直接验算得到.

引理 11：假设 μ 是 $A(n)$ 的一个代数自同态，以下结论等价：

(1) μ 自同构.

(2) μ 稳定 $A(n)_{(1)}$ 且 $J(\mu) := (\partial_i(\widetilde{\mu}_j))_{n\times n} \in \mathrm{Mat}_{n\times n}(A(n))$ 可逆.

(3) μ 稳定 $A(n)_{(1)}$ 且行列式 $\det(J(\mu))$ 在 $A(n)$ 中可逆.

(4) μ 稳定 $A(n)_{(1)}$ 且行列式 $\det(J(\mu)(\underline{0}))$ 在 $\mathbb{K}$ 中可逆，其中 $\underline{0}=(0,\cdots,0)$.

引理 12：对任意 $\mu \in \mathrm{Aut}(A(2m))$，如下命题等价：

(1) $\Phi_\mu \in \mathrm{Aut}(H(2m)^{(2)})$.

(2) 存在 $a \in \mathbb{K}^*$ 使 $\{\mu(x_i), \mu(x_j)\} = a\sigma(i)\delta_{i',j}$ 对任意 i,j 都成立.

(3) 存在 $a \in \mathbb{K}^*$ 使 $\{\mu(f), \mu(g)\} = a\mu(\{f,g\})$，任意 $f,g \in A(2m)$.

如果(2)或者(3)成立，那么 $\Phi_\mu(D_H(f)) = D_H(a^{-1}\mu(f))$ 对任意 $f \in A(2m)$ 都成立.

注记 10：事实上，文献[102]证明了更一般的情形.

性质 3：假设 $\mu \in \mathrm{Aut}(A(n))$，$\Phi_\mu \in \mathrm{Aut}(W(n))$ 是其对应的 $W(n)$ 的自同构，

那么,对任意的$f\partial_i \in W(n)$,$f\in A(n)$,我们有

$$\Phi_\mu(f\partial_i)=\mu(f)\Phi_\mu(\partial_i),$$

$$\Phi_\mu\begin{pmatrix}\partial_1\\ \vdots\\ \partial_n\end{pmatrix}=J(\mu)^{-1}\begin{pmatrix}\partial_1\\ \vdots\\ \partial_n\end{pmatrix}.$$

证明:根据$W(n)$自同构的定义,我们很容易得到$\Phi_\mu(f\partial_i)=\mu(f)\Phi_\mu(\partial_i)$. 因此,我们只需要证明第二个等式即可.

注意,$D\in W(n)$可以被D在$x_1,\cdots,x_n$上的作用完全确定,准确地说:

$$D=\sum_{i=1}^{n} D(x_i)\partial_i.$$

因此,为了要计算$\Phi_\mu(\partial_i)$,我们只需要针对所有的$j=1,\cdots,n$算出$\Phi_\mu(\partial_i)(x_j)$即可.

设$\phi=\mu^{-1}\in \mathrm{Aut}(A(n))$,$\tilde{\phi}_i=\phi(x_i)\in A(n)$.

断言 1:

$$\begin{pmatrix}\Phi_\mu(\partial_1)\\ \vdots\\ \Phi_\mu(\partial_n)\end{pmatrix}=\begin{pmatrix}\partial_1(\tilde{\phi}_1)(\tilde{\mu}_1,\cdots,\tilde{\mu}_n) & \cdots & \partial_1(\tilde{\phi}_n)(\tilde{\mu}_1,\cdots,\tilde{\mu}_n)\\ \vdots & \ddots & \vdots\\ \partial_n(\tilde{\phi}_1)(\tilde{\mu}_1,\cdots,\tilde{\mu}_n) & \cdots & \partial_n(\tilde{\phi}_n)(\tilde{\mu}_1,\cdots,\tilde{\mu}_n)\end{pmatrix}\begin{pmatrix}\partial_1\\ \vdots\\ \partial_n\end{pmatrix}.$$

事实上,对任意$i,j=1,\cdots,n$,有

$$\begin{aligned}\Phi_\mu(\partial_i)(x_j)&=(\mu\circ\partial_i\circ\phi)(x_i)\\ &=\mu(\partial_i(\phi(x_j)))\\ &=\mu(\partial_i(\tilde{\phi}_j))\\ &=(\partial_i(\tilde{\phi}_j))(\tilde{\mu}_1,\cdots,\tilde{\mu}_n).\end{aligned}$$

因此,$\Phi_\mu(\partial_i)=\sum_{j=1}^{n}(\partial_i\tilde{\phi}_j)(\tilde{\mu}_1,\cdots,\tilde{\mu}_n)\partial_j$,断言 1 成立.

断言 2：

$$\begin{pmatrix}\partial_1(\widetilde{\mu}_1) & \cdots & \partial_1(\widetilde{\mu}_n)\\ \vdots & \ddots & \vdots\\ \partial_n(\widetilde{\mu}_1) & \cdots & \partial_n(\widetilde{\mu}_n)\end{pmatrix}\begin{pmatrix}\partial_1(\widetilde{\phi}_1)(\widetilde{\mu}_1,\cdots,\widetilde{\mu}_n) & \cdots & \partial_1(\widetilde{\phi}_n)(\widetilde{\mu}_1,\cdots,\widetilde{\mu}_n)\\ \vdots & \ddots & \vdots\\ \partial_n(\widetilde{\phi}_1)(\widetilde{\mu}_1,\cdots,\widetilde{\mu}_n) & \cdots & \partial_n(\widetilde{\phi}_n)(\widetilde{\mu}_1,\cdots,\widetilde{\mu}_n)\end{pmatrix}=I_n.$$

事实上，由 $\mu\circ\phi=\mathrm{id}$ 推出 $(\mu\circ\phi)(x_j)=x_j$，进而

$$\begin{aligned}\delta_{ij}&=\partial_i((\mu\circ\phi)(x_j))\\ &=\partial_i(\mu(\widetilde{\phi}_j))\\ &=\partial_i(\widetilde{\phi}_j(\widetilde{\mu}_1,\cdots,\widetilde{\mu}_n))\\ &=\sum_{l=1}^{n}((\partial_l\widetilde{\phi}_j)(\widetilde{\mu}_1,\cdots,\widetilde{\mu}_n))\cdot(\partial_i\widetilde{\mu}_l)\end{aligned}$$

对所有 $i,j=1,\cdots,n$ 都成立. 断言 2 恰好是这个等式的矩阵表达版本.

注意到

$$J(\mu)=\begin{pmatrix}\partial_1(\widetilde{\mu}_1) & \cdots & \partial_1(\widetilde{\mu}_n)\\ \vdots & \ddots & \vdots\\ \partial_n(\widetilde{\mu}_1) & \cdots & \partial_n(\widetilde{\mu}_n)\end{pmatrix}.$$

结合断言 1 与断言 2，可知

$$\Phi_\mu\begin{pmatrix}\partial_1\\ \vdots\\ \partial_n\end{pmatrix}=\begin{pmatrix}\Phi_\mu(\partial_1)\\ \vdots\\ \Phi_\mu(\partial_n)\end{pmatrix}=J(\mu)^{-1}\begin{pmatrix}\partial_1\\ \vdots\\ \partial_n\end{pmatrix}.$$

性质 4：令 $\mathfrak{g}=W(n)$，基域 $\mathbb{K}$ 的特征 $p\geqslant 3$（除了 $n=1$，此时假设 $p>3$），如下结论成立：

(1) $\mathrm{Aut}(\mathfrak{g})$ 与 $G=\mathrm{Aut}_p(\mathfrak{g})^\circ$ 相等. 因此，自同构群是一个连通代数群.

(2) G 是一个半直积 $G=G_0\ltimes U$，其中 $G_0\simeq \mathrm{GL}(n,\mathbb{K})$ 由保持 $\mathfrak{g}$ 的 $\mathbb{Z}$-阶化结构的自同构组成，

$$U=\{g\in G\mid (g-\mathrm{id}_{\mathfrak{g}})(\mathfrak{g}_{(i)})\subset\mathfrak{g}_{(i+1)}\}.$$

注记 11：G_0 由基为$\{x_1,\cdots,x_n\}$的$\mathbb{K}$-向量空间上所有可逆线性变换构成.

回顾定义 4，由以上性质可知以下推论：

推论 1：令 $L=W(n)$ 伴随其自然阶化结构，$G=\mathrm{Aut}(W(n))=G_0\ltimes U$ 是其自同构群，则$(L,(L_{(n)}),G,G_0,U)$满足滤过假设（定义 4）.

3.2 $\mathfrak{sl}(n+1)$的嵌入及相关性质

为了理解旗簇 $\mathcal{B}$ 与$\mathcal{F}l_{n+1}$ 的关系，我们需要对两者对应的自同构群作更多的了解. 本节将详细探究 $W(n)$ 和 $\mathfrak{pgl}(n+1)$ 的自同构群，即 G 与 $\mathrm{PGL}(n+1)$ 分别在 $W(n)$ 和 $\mathfrak{pgl}(n+1)$ 上作用的交换关系.

注意如下映射：

$$\mathrm{i}:\mathfrak{pgl}(n+1)\to W(n)$$

$$M=(m_{ij})\mapsto\sum_{i,j=1}^{n} m_{ij}x_i\partial_j+\sum_{i=1}^{n} m_{n+1,i}(-\partial_i)+\sum_{i=1}^{n} m_{i,n+1}(p_i)-m_{n+1,n+1}\sum_{l=1}^{n} x_l\partial_l,$$

其中 $p_i:=x_i\sum_{j=1}^{n} x_j\partial_j\in W(n)_{[1]},i=1,\cdots,n.$

可以证明 i 是一个李代数的单同态映射，证明可参考文献[65]. 特别地，i 也是向量空间的嵌入. 因此，$\mathfrak{pgl}(n+1)$ 可以同构地看作是 $W(n)$ 的一个子空间.

特别地，本节中我们总假设 $p\nmid n+1$. 此时，$\mathfrak{pgl}(n+1)=\mathfrak{sl}(n+1)$. 于是，嵌入映射中为

$$\mathrm{i}:\mathfrak{sl}(n+1)\to W(n).$$

记 $Q=\mathrm{im}(\mathrm{i})$，由定义知

$$Q=W(n)_{[-1]}\oplus\langle p_1,\cdots,p_n\rangle\oplus W(n)_{[0]}.$$

引理13：假设 $p \nmid n+1$.

(1)存在 $G_0=\mathrm{GL}(n)$-模分解，

$$W(n)_{[1]}=\langle p_1,\cdots,p_n\rangle \oplus S(n)_{[1]},$$

其中 $S(n)$ 表示特殊代数(cf. [103])，$S(n)_{[1]}=S(n)\cap W(n)_{[1]}$.

(2)$R:=S(n)_{[1]}\oplus W(n)_{(2)}$ 是一个 G-子模. 特别地，有线性空间分解

$$W(n)=Q\oplus R.$$

证明：(1)根据第2章，

$$S(n)_{[1]}=\langle D_{ij}(f)\mid f\in A(n)_{[3]},i,j=1,\cdots,n,i<j\rangle,$$

其中 $D_{ij}(f):=\partial_j(f)\partial_i-\partial_i(f)\partial_j$. 进而，对任意 $\sum_i g_i\partial_i\in W(n)$，$\sum_i g_i\partial_i\in S(n)$ 当且仅当 $\sum_i\partial_i(g_i)=0$.

可以直接验算发现，$W(n)_1$ 和 $\langle p_1,\cdots,p_n\rangle$ 都是 $\mathrm{GL}(n)$-模. 事实上，

$$\phi(p_i)=\phi(x_i)\Big(\sum_{l=1}^{n}x_l\partial_l\Big),\ \forall\phi\in\mathrm{GL}(n).$$

由于 $\mathrm{Aut}(S(n))\simeq\mathrm{SL}(n)\ltimes U$，$\mathrm{SL}(n)$ 在 $S(n)_1$ 上有一个自然作用. 进一步地，$\mathrm{GL}(n)\twoheadrightarrow\mathrm{SL}(n)$ 诱导 $\mathrm{GL}(n)$ 在 $S(n)_1$ 上的作用.

$\forall D=\sum_{i=1}^{n}f_i\partial_i\in W(n)_{[1]}$，那么，$f_i\in A(n)_2$，即所有的 f_i 都是阶为2的齐次截头多项式. 令 $f:=\sum_{i=1}^{n}\partial_i(f_i)\in A(n)_1$.

如果 $f=0$，$D\in S(n)_{[1]}$.

如果 $f\neq0$，$f(\sum_{l=1}^{n}x_l\partial_l)\in\langle p_1,\cdots,p_n\rangle$. 根据条件假设，$p\nmid n+1$，所以

$$\sum_{l=1}^{n}\partial_l(fx_l)=\sum_{l=1}^{n}(f+x_l\partial_l f)=(n+1)f\neq0.$$

设 $E:=(n+1)^{-1}f(\sum_{l=1}^{n}x_l\partial_l)$，那么 $D=(D-E)+E$. 直接计算可知 $D-E\in S(n)_1$.

因而，$W(n)_{[1]}\subseteq\langle p_1,\cdots,p_n\rangle+S(n)_{[1]}$.

反过来,由于$\langle p_1,\cdots,p_n\rangle$和$S(n)_{[1]}$都包含于$W(n)_{[1]}$,所以

$$\langle p_1,\cdots,p_n\rangle+S(n)_{[1]}\subseteq W(n)_{[1]}.$$

综上所述,$W(n)_{[1]}=\langle p_1,\cdots,p_n\rangle+S(n)_{[1]}$.

为证明引理,只需要证明上述等式是直和即可.

如果

$$\sum_i a_ip_i=(\sum_i a_ix_i)(\sum_l x_l\partial_l)\in\langle p_1,\cdots,p_n\rangle\cap S(n)_{[1]},$$

那么有

$$\sum_l \partial_l((\sum_i a_ix_i)x_l)=0,$$

$$\Rightarrow 0=\sum_l(\sum_i a_ix_i+a_lx_l)=(n+1)\sum_i a_ix_i,$$

$$\Rightarrow\sum_i a_ix_i=0,\text{因为 } p\nmid n+1.$$

因此,$\sum_i a_ip_i=0$,且$W(n)_{[1]}=\langle p_1,\cdots,p_n\rangle\oplus S(n)_{[1]}$.

容易证明$\langle p_1,\cdots,p_n\rangle$及$S(n)_{[1]}$都是$G_0$-模.

(2)直接验证可知$W(n)_{(2)}$是G-模,$S(n)_{[1]}$是G_0-子模,且$U\cdot S(n)_{[1]}\subseteq R$. 因此,第二个结论成立.

定义 12:令 pr:$W(n)\to\mathfrak{sl}(n+1)$是由 i 诱导出向量空间之间投影映射,使

$$\ker(\mathrm{pr})=R\text{ 且 }\mathrm{pr}\cdot\mathrm{i}=\mathrm{id}.$$

因为R是一个G-子模,所以任意$g\in G$在$W(n)/R$上有一个显然的作用,记作$\bar{g}$. 由此,pr 诱导了一个线性空间的同构

$$\overline{\mathrm{pr}}:W(n)/R\to\mathfrak{sl}(n+1)$$

使得$\overline{\mathrm{pr}}$成为$\bar{\mathrm{i}}:\mathfrak{sl}(n+1)\to W(n)\twoheadrightarrow W(n)/R\simeq Q$的逆映射.

引理 14:假设$p\nmid n+1,D,E\in W(n)$满足

$$\mathrm{pr}(D)=\mathrm{pr}(E)\in\mathfrak{sl}(n+1),$$

那么有$\mathrm{pr}\circ g(D)=\mathrm{pr}\circ g(E),\forall g\in G$.

证明:根据引理 13,作为G_0-模,$W(n)=Q\oplus R$. 由定义,R可以天然地成为一

个 U-模，从而 R 是 G-模.

假设 $D=F+D_1, E=F+E_1$，其中 $F\in\mathfrak{sl}(n+1), D_1, E_1\in V$. 设 $g=g_0\cdot u, g_0\in G_0$, $u\in U$.

注意到，$u\cdot F=F+F_1$，其中 $F_1\in W(n)_{(2)}$，从而

$$g(D)=g(F+D_1)=g_0\cdot u(F)+g(D_1)=g_0(F)+g(F_1)+g(D_1).$$

类似地，$g(E)=g_0(F)+g_0(F_1)+g(E_1)$. 由于 $g_0(F_1)+g(D_1)$ 和 $g_0(F_1)+g(E_1)$ 都落在 V 中，所以 $\mathrm{pr}\circ g(D)=\mathrm{pr}\circ g(E)=g_0(F_1)$.

性质5：当 $p\nmid n+1$ 时，存在态射 $\varphi: G\to \mathrm{GL}(\mathfrak{sl}(n+1)), \varphi(g)=\mathrm{pr}\cdot g\cdot \mathrm{i}, \forall g\in G$. 进一步地，$\mathrm{pr}\circ g=\varphi(g)\circ \mathrm{pr}$.

证明：$\forall g\in G, \varphi(g)=\overline{\mathrm{pr}}\cdot g\cdot \bar{\mathrm{\imath}}$ 定义了从 G 到 $\mathrm{GL}(\mathfrak{sl}(n+1))$ 的态射.

由于 R 是一个 G-模，必然有 $\varphi(g)=\mathrm{pr}\cdot g\cdot \mathrm{i}$ 且 $\mathrm{pr}\circ g=\varphi(g)\circ\mathrm{pr}$.

事实上，对任意 $x\in\mathfrak{sl}(n+1)$，假设 $\mathrm{i}(x)=E+F$，其中 $E\in Q, F\in R$. 那么

$$\bar{\imath}(x)=E, \mathrm{pr}\cdot g\cdot i(x)=\mathrm{pr}\cdot g(x)=\overline{\mathrm{pr}}(\bar{g}\cdot E)=\overline{\mathrm{pr}}\cdot g\cdot\bar{\imath}(x).$$

对任意 $D\in W(n)$，假设 $\mathrm{i}\cdot\mathrm{pr}(D)=D_1\in Q$，则有

$$\mathrm{pr}\cdot g\cdot \mathrm{i}\cdot\mathrm{pr}(D)=\mathrm{pr}(g\cdot D_1)=\mathrm{pr}(g\cdot D)=\mathrm{pr}\cdot g(D).$$

推论2：如果 $p\nmid n+1$，那么 $\forall g\in G, \mathrm{pr}\circ g=\mathrm{pr}\circ g\circ \mathrm{i}\circ\mathrm{pr}$.

证明：$\forall E\in W(n), \mathrm{pr}\circ\mathrm{i}\circ\mathrm{pr}(E)=\mathrm{id}\circ\mathrm{pr}(E)=\mathrm{pr}(E)$. 因此，对任意 $g\in G$，我们可以选择 $M=\mathrm{pr}(E), D:=\mathrm{i}\circ\mathrm{pr}(E)\in\mathrm{pr}^{-1}(M)$，及 $h_g=\mathrm{pr}\circ g\circ\mathrm{i}$.

注记12：当 $p\mid n+1$ 时，本节的所有结论都将不成立，从而第7章和第9章的大部分内容也将不成立. 下面的例子就是一个反例.

例1：在 $W(2)$ 中，有以下两种情况：

(1)对任意特征大于0的域而言，

$$\{x_1^2\partial_2, x_2^2\partial_1, (x_1+x_2)^2(-\partial_1+\partial_2)\}\subseteq \mathrm{GL}(2)\cdot x_1^2\partial_2.$$

事实上，如果 $M=\begin{pmatrix} a & b\\ c & d\end{pmatrix}\in\mathrm{GL}(2), e:=\det(M)^{-1}\neq 0$，那么

$$M \cdot x_1^2\partial_2 = e(ax_1+cx_2)^2(-c\partial_1+a\partial_2).$$

特别地,

$$I_2 \cdot x_1^2\partial_2 = x_1^2\partial_2, (E_{12}+E_{21}) \cdot x_1^2\partial_2 = x_2^2\partial_1$$

$$\begin{pmatrix}1 & 0\\ 1 & 1\end{pmatrix} \cdot x_1^2\partial_2 = (x_1+x_2)^2(-\partial_1+\partial_2).$$

(2)当 $p=3$ 时,

$$x_1^2\partial_1 - 2x_1x_2\partial_2 = p_1, x_2^2\partial_2 - 2x_1x_2\partial_1 = p_2.$$

注意到

$$(x_1+x_2)^2(-\partial_1+\partial_2) = -x_1^2\partial_1 - 2x_1x_2\partial_1 - x_2^2\partial_1 + x_1^2\partial_2 + 2x_1x_2\partial_2 + x_2^2\partial_2.$$

因此有

$$x_1^2\partial_2 - x_2^2\partial_1 - p_1 + p_2 \in \mathrm{GL}(2) \cdot x_1^2\partial_2.$$

进而得到

$$-p_1+p_2 \in \{\mathrm{pr}\circ \boldsymbol{g}(x_1^2\partial_2) \mid \boldsymbol{g} \in \mathrm{GL}(2)\}.$$

这与 $\mathrm{pr}\circ \boldsymbol{g} \circ \mathrm{i} \circ \mathrm{pr}(x_1^2\partial_2) = \mathrm{pr}\circ \boldsymbol{g} \circ \mathrm{i}(0) = 0, \forall \boldsymbol{g} \in \mathrm{GL}(2)$ 矛盾. 换句话说,在 $W(2)$ 且 $p=3$ 时,存在 $\boldsymbol{g} \in G$,使得 $\mathrm{pr}\circ \boldsymbol{g} \neq \mathrm{pr}\circ \boldsymbol{g} \circ \mathrm{i} \circ \mathrm{pr}$.

注记 13:一般而言,$\mathrm{im}(\varphi)$几乎无法计算.

注记 14:即使把 $\mathrm{im}(\varphi)$的元素看作$\mathfrak{sl}(n+1)$的线性变换,它也不一定保持$\mathfrak{sl}(n+1)$的李代数结构.

例 2:当 $n=1$, $\mathfrak{sl}(2) = \langle E, H, F\rangle$. 我们将在第 9 章看到如下结论:

$$\mathrm{im}(\varphi) = \left\{\begin{pmatrix}a & b & c\\ 0 & 1 & d\\ 0 & 0 & e\end{pmatrix} \middle| \; ae=1, 2ad+b=0\right\} < \mathrm{GL}(3,\mathbb{K}) \simeq \mathrm{GL}(\mathfrak{sl}(2)),$$

其中$\begin{pmatrix}a & b & c\\ 0 & 1 & d\\ 0 & 0 & e\end{pmatrix}$把 E(resp. H, F)映到 aE(resp. $H+bE, eF+dH+cE$).

取 $a=e=1,b=d=0,c=1$，选择 φ 的一个原像 $\Phi_0\in \mathrm{Aut}(W(1))$，从而 $\varphi(\Phi_0)$ 把 E(resp. H,F)映成 E(resp. $H,F+E$). 因此有

$$[\varphi(\Phi_0)(H),\varphi(\Phi_0)(F)]=[H,E+F]=2E-2F,$$

$$\varphi(\Phi_0)([H,F])=\varphi(\Phi_0)(-2F)=-2E-2F.$$

也就是说，$\varphi(\Phi_0)$不保持李括号.

推论3: 当 $p\nmid n+1$ 时，对任意 $B=(b_{ij})\in \mathfrak{sl}(n+1)$，$M\in \mathrm{GL}(n)$，

$$\varphi(\Psi_M)(B)=\begin{pmatrix}M & 0\\ 0 & 1\end{pmatrix}B\begin{pmatrix}M & 0\\ 0 & 1\end{pmatrix}^{-1}.$$

证明：对任意 $g\in \mathrm{Aut}(A(n))$，由定义知

$$\Psi_g\cdot \mathrm{i}(B)=(g(x_1),\cdots,g(x_n),-1)B\begin{pmatrix}\Psi_g(\partial_1)\\ \vdots\\ \Psi_g(\partial_n)\\ \Psi_g(\sum_{i=1}^{n}x_i\partial_i)\end{pmatrix}.$$

特别地，取 $M\in \mathrm{GL}(n)$，直接验证知

$$\Psi_M(x_1,\cdots,x_n)=(x_1,\cdots,x_n)M,\Psi_M\begin{pmatrix}\partial_1\\ \vdots\\ \partial_n\end{pmatrix}=M^{-1}\begin{pmatrix}\partial_1\\ \vdots\\ \partial_n\end{pmatrix}.$$

从而，

$$\Psi_M(\sum_{i=1}^{n}x_i\partial_i)=(x_1,\cdots,x_n)M\cdot M^{-1}\begin{pmatrix}\partial_1\\ \vdots\\ \partial_n\end{pmatrix}=\sum_{i=1}^{n}x_i\partial_i.$$

因此，

$$\varphi(\Psi_M)(B)=\mathrm{pr}\cdot\Psi_M\cdot \mathrm{i}(B)=\begin{pmatrix}M & 0\\ 0 & 1\end{pmatrix}B\begin{pmatrix}M & 0\\ 0 & 1\end{pmatrix}^{-1}.$$

注记 15：对 $g\in G_0,B\in\mathfrak{sl}(n+1)$，记 $g\cdot B:=\varphi(g)(B)$. 由性质 5 可知，对任意 $g\in G_0$，有 $\mathrm{pr}\circ g=g\circ\mathrm{pr}$.

给定 $\Psi_M\in G_0,v\in\mathbb{K}^{n+1}$ 及 $\mathcal{F}=(v_1,\cdots,v_{n+1})\in\mathcal{F}l_{n+1}$，定义如下：

$$\Psi_M(v):=\begin{pmatrix}M&0\\0&1\end{pmatrix}v,\text{且}\Psi_M\cdot\mathcal{F}:=(\Psi_M(v_1),\cdots,\Psi_M(v_{n+1})).$$

特别地，当 $v\in\mathbb{K}^n$ 时，$\Psi_M(v)=Mv,\Psi_M(\epsilon_{n+1})=\epsilon_{n+1}$. 由推论 3 可知下列性质成立：

性质 6：对任意 $g\in G_0$，完全旗 $\mathcal{F}\in\mathcal{F}l_{n+1}$，记 $\mathfrak{b}=\mathrm{Stab}_{\mathfrak{sl}(n+1)}(\mathcal{F})$，定义 $g\cdot\mathfrak{b}=\varphi(g)(\mathfrak{b})$，那么有

$$g\cdot\mathfrak{b}=\mathrm{Stab}_{\mathfrak{sl}(n+1)}(g\cdot\mathcal{F}).$$

第 4 章　极大环面子代数的 Weyl 群与几何

本章首先介绍 $W(n)$、$S(n)^{(1)}$、$H(2m)^{(2)}$ 的极大环面子代数的共轭类，其次计算它们的 Weyl 群，最后刻画了它们的半单轨道. 本章第一部分的全部结果来自于文献[22]、[23]；第二部分的结果与文献[14]、[43]部分重叠，但证明是新的和独立的；第三部分的结果是新的.

4.1　极大环面子代数的共轭类

关于 Cartan 型李代数的极大环面子代数共轭类的研究，首先由 Demushkin 分别在 1970 年和 1972 年完成，更多细节也可以参考文献[102].

定义 13：假设 $\mathfrak{g}$ 是一个限制李代数，其 p-映射是$[p]$. $(\mathfrak{g},[p])$的一个**环面** $\mathfrak{t}$ 是指由半单元组成的可交换限制子代数. $X\in\mathfrak{g}$ 称为一个半单元当且仅当 $X\in(X^{[p]})_p$，其中$(X^{[p]})_p$ 是指由 $X^{[p]}$ 生成的限制子代数.

性质 7:假设基域的特征大于 2.

(1)在 $W(n)$ 的自同构群共轭作用下,$W(n)$ 的任何极大环面子代数都共轭于下面 $(n+1)$ 个子代数中的一个:

$$\mathfrak{t}_r^W=(\sum_{i=1}^{r}\mathbb{K}(1+x_i)\partial_i)\oplus(\sum_{i=r+1}^{n}\mathbb{K}x_i\partial_i),$$

其中 $0\leqslant r\leqslant n$.

(2)在 $S(n)^{(1)}$ 的自同构群共轭作用下,$S(n)^{(1)}$ 的任何极大环面子代数都共轭于下面 n 个子代数中的一个:

$$\mathfrak{t}_r^S=(\sum_{i=1}^{r}\mathbb{K}((1+x_i)\partial_i-x_n\partial_n))\oplus(\sum_{i=r+1}^{n-1}\mathbb{K}(x_i\partial_i-x_n\partial_n)),$$

其中 $0\leqslant r\leqslant n-1$.

(3)在 $H(2m)^{(2)}$ 的自同构群共轭作用下,$H(2m)^{(2)}$ 的任何极大环面子代数都共轭于下面 $(m+1)$ 个子代数中的一个:

$$\mathfrak{t}_r^H=(\sum_{i=1}^{r}\mathbb{K}D_H((1+x_i)x_{i+m}))\oplus(\sum_{i=r+1}^{n-1}\mathbb{K}D_H(x_ix_{i+m})),$$

其中 $0\leqslant r\leqslant m$,

$$D_H(f):=\sum_{i=1}^{2m}\bar{\iota}\,\partial_i(f)\partial_{i'},\ \forall f\in A(2m),$$

$$\bar{\iota}=\begin{cases}1 & i=1,\cdots,m\\ -1 & i=m+1,\cdots,2m\end{cases},$$

$$i'=\begin{cases}i+m & i=1,\cdots,m\\ i-m & i=m+1,\cdots,2m\end{cases}.$$

我们称这些 $\mathfrak{t}_r^X$ 为 X 的标准极大环面子代数,其中 $X\in\{W,S,H\}$.

注记 16:

$$\mathfrak{t}_r^W=\langle d_1^{W,r},\cdots,d_n^{W,r}\rangle,r=0,\cdots,n,$$

$$\mathfrak{t}_r^S=\langle d_1^{S,r},\cdots,d_{n-1}^{S,r}\rangle,r=0,\cdots,n-1,$$

$$\mathfrak{t}_r^H=\langle d_1^{H,r},\cdots,d_m^{H,r}\rangle,r=0,\cdots,m,$$

其中

$$d_i^{W,r}=\begin{cases}(1+x_i)\partial_i & i=1,\cdots,r\\ x_i\partial_i & i=r+1,\cdots,n\end{cases},$$

$$d_i^{S,r}=\begin{cases}(1+x_i)\partial_i-x_n\partial_n & i=1,\cdots,r\\ x_i\partial_i-x_n\partial_n & i=r+1,\cdots,n-1\end{cases},$$

$$d_i^{H,r}=\begin{cases}-D_H((1+x_i)x_{i+m})=(1+x_i)\partial_i-x_{i+m}\partial_{i+m} & i=1,\cdots,r\\ -D_H(x_ix_{i+m})=x_i\partial_i-x_{i+m}\partial_{i+m} & i=r+1,\cdots,n\end{cases}.$$

注记 17:为行文方便,除非特殊说明,后文中我们将使用记号 $y_i:=1+x_i$.

4.2　关于极大环面子代数的权空间分解

对于 Cartan 型李代数 $\mathfrak{g}$,由于 $\mathfrak{g}$ 能作用在某个 $A(n)$ 上,所以 $\mathfrak{t}_r^X$ 也能作用在 $A(n)$ 中,$X=W,S,H$. 注意到,所有的极大环面子代数 $\mathfrak{t}_r^X$ 都是半单和阿贝尔的,所以上述作用可以导致 $A(n)$ 关于 $\mathfrak{t}_r^X$ 作用的权空间分解. 如下的性质可以直接验证得到:

性质 8:假设基域的特征大于 2.

(1) 当 $\mathfrak{g}=W(n)$ 时,$A(n)$ 关于 $\mathfrak{t}_r^W$ 作用有如下分解:$A(n)=\bigoplus A_{(i_1,\cdots,i_n)}$,使 $f\in A_{(i_1,\cdots,i_n)}$ 当且仅当 $d_j^{W,r}\cdot f=i_jf, j=1,\cdots,n$. 进一步,

$$A_{(i_1,\cdots,i_n)}=\mathbb{K}y_1^{i_1}\cdots y_r^{i_r}x_{r+1}^{i_{r+1}}\cdots x_n^{i_n}.$$

(2) 当 $\mathfrak{g}=S(n)^{(1)}$ 时,$A(n)$ 关于 $\mathfrak{t}_r^S$ 作用有如下分解:$A(n)=\bigoplus A_{(i_1,\cdots,i_n)}$,使 $f\in A_{(i_1,\cdots,i_{n-1})}$ 当且仅当 $d_j^{S,r}\cdot f=i_jf, j=1,\cdots,n-1$. 进一步,

$$A_{(i_1,\cdots,i_{n-1})}=\langle y_1^{l_1}\cdots y_r^{l_r}x_{r+1}^{l_{r+1}}\cdots x_n^{l_n}\mid l_j-l_n=i_j, j=1,\cdots,n-1\rangle.$$

(3) 当 $\mathfrak{g}=H(2m)^{(2)}$ 时, $A(2m)$ 关于 $\mathfrak{t}_r^H$ 作用有如下分解: $A(2m)=\bigoplus A_{(i_1,\cdots,i_m)}$, 使 $f\in A_{(i_1,\cdots,i_m)}$ 当且仅当 $d_j^{H,r}\cdot f=i_jf, j=1,\cdots,m$. 进一步,

$$A_{(i_1,\cdots,i_m)}=\langle y_1^{l_1}\cdots y_r^{l_r}x_{r+1}^{l_{r+1}}\cdots x_{2m}^{l_{2m}}\mid l_j-l_{j+m}=i_j, j=1,\cdots,m\rangle.$$

4.3 Cartan 型李代数的 Weyl 群

本节将得到关于 $W(n)$、$S(n)^{(1)}$ 和 $H(2m)^{(2)}$ 的极大环面子代数的 Weyl 群.

定义 14: 令 $(\mathfrak{g},[p])$ 是有限维限制李代数且包含一个极大环面子代数 $\mathfrak{t}$, G 是其限制自同构群. $\mathfrak{g}$ 中关于 $\mathfrak{t}$ 的 Weyl 群定义为

$$W(\mathfrak{g},\mathfrak{t}):=\frac{N_G(\mathfrak{t})}{C_G(\mathfrak{t})}.$$

在不引起歧义的情况下, 简称为关于 $\mathfrak{t}$ 的 Weyl 群.

引理 15: 令 $(\mathfrak{g},[p])$ 是有限维限制李代数, G 是其限制自同构群. $\mathfrak{t}$ 是一个极大环面子代数, $\dim\mathfrak{t}=n$. 那么关于 $\mathfrak{t}$ 的 Weyl 群可以看作有限群 $\mathrm{GL}(n,\mathbb{F}_p)$ 的子群, 即存在群的单同态:

$$\alpha: W(\mathfrak{g},\mathfrak{t})\hookrightarrow \mathrm{GL}(n,\mathbb{F}_p).$$

证明: 固定 $\mathfrak{t}$ 的一组基 $\mathbb{B}=\{t_i\mid i=1,\cdots,n\}$ 使所有 t_i 都是 tori 元, 即 $t_i^{[p]}=t_i$. 定义 $\alpha: W(\mathfrak{g},\mathfrak{t})\hookrightarrow \mathrm{GL}(n,\mathbb{K})$ 为 $w\in W(\mathfrak{g},\mathfrak{t})$ 在 $\mathbb{B}$ 上的作用. 精确地说, 如果 $(w\cdot d_1,\cdots,w\cdot d_n)^T=M_w(d_1,\cdots,d_n)^T$, 那么

$$\alpha(w):=M_w\in GL(n,\mathbb{K}).$$

由于 $(w\cdot d_i)^{[p]}=w\cdot(d_i^{[p]})=w\cdot d_i, i=1,\cdots,n$, 因而 $m_{ij}^p=m_{ij}$ 对所有的 i,j 都成立, 其中 $M_w=(m_{ij})$. 因此, $m_{ij}\in\mathbb{F}_p, i,j=1,\cdots,n$ 且 $M_w\in\mathrm{GL}(n,\mathbb{F}_p)$, 进而 α 定义良好. 根据 α 的定义, 单射显然.

注记 18:注意到 α 可以按如下方式定义:

$$(w\cdot d_1,\cdots,w\cdot d_n)=(d_1,\cdots,d_n)\alpha(w).$$

注记 19:如无特殊说明,在后文中我们将用引理中的方式定义映射 α.

由上述引理可知,为计算关于 $\mathfrak{t}_r^X, X\in\{W,S,H\}$ 的 Weyl 群,我们只需要计算出映射 α 的像即可.

引理 16:假设 $M^{-1}\in \mathrm{im}(\alpha)$,即 $\exists\varphi\in G$ 使

$$\varphi\begin{pmatrix} d_1^{X,r}\\ \vdots \\ d_s^{X,r}\end{pmatrix}=M^{-1}\begin{pmatrix} d_1^{X,r}\\ \vdots \\ d_s^{X,r}\end{pmatrix},$$

其中 $M=(m_{ij})\in \mathrm{GL}(s,\mathbb{F}_p)$, $X=W,S,H$,

$$s=\begin{cases} n & \text{如果 } \mathfrak{g}=W(n)\\ n-1 & \text{如果 } \mathfrak{g}=S(n)^{(1)}\\ m & \text{如果 } \mathfrak{g}=H(2m)^{(2)}\end{cases}.$$

记

$$\widetilde{\psi}_j=\begin{cases} 1+\widetilde{\varphi}_j=1+\varphi(x_j) & \text{如果 } j=1,\cdots,r\\ \widetilde{\varphi}_j=\varphi(x_j) & \text{其他}\end{cases}.$$

如下结论成立:

(1)如果 $\mathfrak{g}=W(n)$,那么有

$$\widetilde{\psi}_j\in A_{(m_{1,j},\cdots,m_{n,j})}, j=1,\cdots,n.$$

特别地,对所有 $j=1,\cdots,n$, $\widetilde{\psi}_j$ 是 $\mathfrak{t}_r^W$ 的权向量. 进一步地, $\mathrm{im}(\alpha)$ 被 $\widetilde{\psi}_j$ 的权确定,其中 φ 跑遍 $N_G(\mathfrak{t}_r^W)$.

(2)如果 $\mathfrak{g}=S(n)^{(1)}$,那么有:

$$\widetilde{\psi}_j\in A_{(m_{1,j},\cdots,m_{n-1,j})}, j=1,\cdots,n-1,$$

$$\widetilde{\varphi}_n\in A_{(-\sum_j m_{1,j},\cdots,-\sum_j m_{n-1,j})}.$$

特别地，对所有 $j=1,\cdots,n$，$\widetilde{\psi}_i$ 是 $\mathfrak{t}_r^S$ 的权向量. 进一步，$\mathrm{im}(\alpha)$ 被 $\widetilde{\psi}_j$ 的权确定，其中 φ 跑遍 $N_G(t_r^S)$.

(3) 如果 $\mathfrak{g}=H(2m)^{(2)}$，那么对所有 $j=1,\cdots,m$ 有

$$\widetilde{\psi}_j \in A_{(m_{1,j},\cdots,m_{m,j})},$$

$$\widetilde{\varphi}_{j+m} \in A_{(-m_{1,j},\cdots,-m_{m,j})}.$$

特别地，$\widetilde{\psi}_j$ 是 $\mathfrak{t}_r^H$ 的权向量，$j=1,\cdots,2m$. 进一步，$\mathrm{im}(\alpha)$ 被 $\widetilde{\psi}_j$ 的权确定，其中 φ 跑遍 $N_G(\mathfrak{t}_r^H)$.

(4) 在上述所有情形中，一旦 $i>r\geqslant j$，就有 $m_{ij}=0$.

证明：

(1) 回顾记号 $d_j^{W,r}=z_j\partial_j$，$j=1,\cdots,n$，其中

$$z_j=\begin{cases}1+x_j & j=1,\cdots,r\\ x_j & \text{其他情形}\end{cases}.$$

根据性质 3，

$$\varphi\begin{pmatrix}d_1^{W,r}\\ \vdots\\ d_n^{W,r}\end{pmatrix}=\varphi\begin{pmatrix}z_1 & \cdots & 0\\ \vdots & \ddots & \vdots\\ 0 & \cdots & z_n\end{pmatrix}\begin{pmatrix}\partial_1\\ \vdots\\ \partial_n\end{pmatrix}=\begin{pmatrix}\widetilde{\psi}_1 & \cdots & 0\\ \vdots & \ddots & \vdots\\ 0 & \cdots & \widetilde{\psi}_n\end{pmatrix}J(\varphi)^{-1}\begin{pmatrix}\partial_1\\ \vdots\\ \partial_n\end{pmatrix}$$

因此，

$$\varphi\begin{pmatrix}d_1^{X,r}\\ \vdots\\ d_s^{X,r}\end{pmatrix}=M^{-1}\begin{pmatrix}d_1^{X,r}\\ \vdots\\ d_s^{X,r}\end{pmatrix}.$$

当且仅当

$$\begin{pmatrix}\widetilde{\psi}_1 & \cdots & 0\\ \vdots & \ddots & \vdots\\ 0 & \cdots & \widetilde{\psi}_n\end{pmatrix}J(\varphi)^{-1}=M^{-1}\begin{pmatrix}z_1 & \cdots & 0\\ \vdots & \ddots & \vdots\\ 0 & \cdots & z_n\end{pmatrix}$$

当且仅当

$$M\begin{pmatrix}\widetilde{\psi}_1 & \cdots & 0\\ \vdots & \ddots & \vdots\\ 0 & \cdots & \widetilde{\psi}_n\end{pmatrix}=\begin{pmatrix}z_1 & \cdots & 0\\ \vdots & \ddots & \vdots\\ 0 & \cdots & z_n\end{pmatrix}J(\varphi)=\begin{pmatrix}d_1^{W,r}\cdot\widetilde{\psi}_1 & \cdots & d_1^{W,r}\cdot\widetilde{\psi}_n\\ \vdots & \ddots & \vdots\\ d_n^{W,r}\cdot\widetilde{\psi}_1 & \cdots & d_n^{W,r}\cdot\widetilde{\psi}_n\end{pmatrix}$$

当且仅当 $d_i^{W,r}\cdot\widetilde{\psi}_j=m_{ij}\widetilde{\psi}_j$ 对所有 $i,j=1,\cdots,n$ 都成立. 因此我们有

$$\widetilde{\psi}_j\in A_{(m_{1,j},\cdots,m_{n,j})},j=1,\cdots,n.$$

(2) 回顾记号 $d_j^{S,r}=z_j\partial_j-x_n\partial_n,j=1,\cdots,n-1$, 其中

$$z_j=\begin{cases}1+x_j & j=1,\cdots,r\\ x_j & \text{其他情形}\end{cases}.$$

类似于(1)的论证, $\varphi\begin{pmatrix}d_1^{S,r}\\ \vdots\\ d_{n-1}^{S,r}\end{pmatrix}=M^{-1}\begin{pmatrix}d_1^{S,r}\\ \vdots\\ d_{n-1}^{S,r}\end{pmatrix}$ 等价于

$$M\begin{pmatrix}\widetilde{\psi}_1 & \cdots & 0 & -\widetilde{\varphi}_n\\ \vdots & \ddots & \vdots & \vdots\\ 0 & \cdots & \widetilde{\psi}_{n-1} & -\widetilde{\varphi}_n\end{pmatrix}=\begin{pmatrix}d_1^{S,r}\cdot\widetilde{\psi}_1 & \cdots & d_1^{S,r}\cdot\widetilde{\psi}_{n-1} & d_1^{S,r}\cdot\widetilde{\varphi}_n\\ \vdots & \ddots & \vdots & \vdots\\ d_{n-1}^{S,r}\cdot\widetilde{\psi}_1 & \cdots & d_{n-1}^{S,r}\cdot\widetilde{\psi}_n & d_{n-1}^{S,r}\cdot\widetilde{\varphi}_n\end{pmatrix}.$$

这就是说,

$$d_i^{S,r}\cdot\widetilde{\psi}_j=m_{ij}\widetilde{\psi}_j,\ \forall\, i,j=1,\cdots,n-1,$$

且 $d_i^{S,r}\cdot\widetilde{\varphi}_n=(-\sum_j m_{ij})\widetilde{\varphi}_n$, 因此(2)成立.

(3) 回顾记号 $d_j^{H,r}=z_j\partial_j-x_{j+m}\partial_{j+m},j=1,\cdots,m$, 其中

$$z_j=\begin{cases}1+x_j & j=1,\cdots,r\\ x_j & \text{其他情形}\end{cases}.$$

类似于(1)的论证, $\varphi\begin{pmatrix}d_1^{H,r}\\ \vdots\\ d_m^{H,r}\end{pmatrix}=M^{-1}\begin{pmatrix}d_1^{H,r}\\ \vdots\\ d_m^{H,r}\end{pmatrix}$ 等价于

$$M\begin{pmatrix}\widetilde{\psi}_1 & \cdots & 0 & -\widetilde{\varphi}_{m+1} & \cdots & 0\\ \vdots & \ddots & \vdots & \vdots & \ddots & \vdots\\ 0 & \cdots & \widetilde{\psi}_m & 0 & \cdots & -\widetilde{\varphi}_{2m}\end{pmatrix}$$

$$=\begin{pmatrix}d_1^{H,r}\cdot\widetilde{\psi}_1 & \cdots & d_1^{H,r}\cdot\widetilde{\psi}_m & d_1^{H,r}\cdot\widetilde{\varphi}_{m+1} & \cdots & d_1^{H,r}\cdot\widetilde{\varphi}_{2m}\\ \vdots & \ddots & \vdots & \vdots & \ddots & \vdots\\ d_m^{H,r}\cdot\widetilde{\psi}_1 & \cdots & d_m^{H,r}\cdot\widetilde{\psi}_n & d_m^{H,r}\cdot\widetilde{\varphi}_{m+1} & \cdots & d_m^{H,r}\cdot\widetilde{\varphi}_{2m}\end{pmatrix}.$$

也就是说，$d_i^{H,r}\cdot\widetilde{\psi}_j=m_{ij}\widetilde{\psi}_j$ 且 $d_i^{H,r}\cdot\widetilde{\varphi}_{j+m}=-m_{ij}\widetilde{\varphi}_{j+m}$ 对所有 $i,j=1,\cdots,m$ 都成立，因此(3)成立.

(4)对所有情形，当 $i>r\geqslant j$ 时，$\widetilde{\psi}_j=1+\widetilde{\varphi}_j$ 且 $\partial_i(\widetilde{\psi}_j)=\partial_i(\widetilde{\varphi}_j)$.

由于 $\varphi\in G$，$\widetilde{\varphi}_j$ 和 $d_i^{X,r}\cdot\widetilde{\varphi}_j$ 都是最低次数为 1 的截头多项式，因此有

$$(d_i^{X,r}\cdot\widetilde{\varphi}_j)^p=0,\widetilde{\psi}_j^p=1.$$

根据上面的论证，有

$$m_{ij}\widetilde{\psi}_j=d_i^{X,r}\cdot\widetilde{\psi}_j=d_i^{X,r}\cdot\widetilde{\varphi}_j,$$

其中 $X=W,S,H$. 在等式两边取它们的 p 次方可知 $m_{ij}^p=0$，因此 $m_{ij}=0$.

作为上述陈述(4)的推论，下面的推论是显然的.

推论 4：如果 $M^{-1}\in\mathrm{im}(\alpha)$，$M=\begin{pmatrix}M_1 & M_2\\ M_3 & M_4\end{pmatrix}$ 是一个分块矩阵使 $M_1\in\mathrm{Mat}_{r\times r}(\mathbb{F}_p)$，$M_2\in\mathrm{Mat}_{r\times(n-r)}(\mathbb{F}_p)$，$M_3\in\mathrm{Mat}_{(n-r)\times r}(\mathbb{F}_p)$，$M_4\in\mathrm{Mat}_{(n-r)\times(n-r)}(\mathbb{F}_p)$. 那么 $M_3=0$.

把关于 n 个变元 $\{z_1,\cdots,z_n\}$ 的置换群记作 $Perm(z_1,\cdots,z_n)$，如果不强调变元，我们也可以记作 S_n. 进一步地，把 n 个变元 $\{z_1,\cdots,z_n\}$ 的 $(n-1)$-置换群记作 $Perm_{n-1}(z_1,\cdots,z_n)$，即从 n 个变元选择 $(n-1)$ 个变元进行全排列. 可以证明，该群同构于 S_n.

利用这些记号，下列性质刻画了 $\mathrm{im}(\alpha)$.

性质 9：α 的像是如下集合：

$$\left\{M=\begin{pmatrix}M_1 & M_2\\ 0 & M_4\end{pmatrix}\in \mathrm{GL}_s(\mathbb{F}_p)\;\middle|\; M_1\in \mathrm{GL}_r(\mathbb{F}_p), M_2\in \mathrm{Mat}_{r\times(s-r)}(\mathbb{F}_p), M_4\in P\right\},$$

其中

$$s=\begin{cases}n\\ n-1\\ m\end{cases}, P\simeq\begin{cases}S_{n-r}\subseteq \mathrm{GL}_{n-r}(\mathbb{F}_p) & 若\ \mathfrak{g}=W(n)\\ S_{n-r}\subseteq \mathrm{GL}_{n-1-r}(\mathbb{F}_p) & 若\ \mathfrak{g}=S(n)^{(1)}\\ S_{m-r}\ltimes\mathbb{Z}_2^{m-r}\subseteq \mathrm{GL}_{m-r}(\mathbb{F}_p) & 若\ \mathfrak{g}=H(2m)^{(2)}\end{cases}.$$

证明：令 S 为性质中右手边的集合，即

$$S=\left\{M=\begin{pmatrix}M_1 & M_2\\ 0 & M_4\end{pmatrix}\in \mathrm{GL}_s(\mathbb{F}_p)\;\middle|\; M_1\in \mathrm{GL}_r(\mathbb{F}_p), M_2\in \mathrm{Mat}_{r\times(s-r)}(\mathbb{F}_p), M_4\in P\right\}.$$

我们将首先证明 $\mathrm{im}(\alpha)\subseteq S$；其次对任何 $M\in S$，构造元素 $\varphi\in N_G(\mathfrak{t}_{\mathrm{r}}^{\mathrm{X}})$ 使 $\alpha(\varphi)=M$. 由此可知，$S\subseteq \mathrm{im}(\alpha)$.

根据上一个推论，$\forall M^{-1}\in \mathrm{im}(\alpha)$，$M$ 形如分块矩阵$\begin{pmatrix}M_1 & M_2\\ 0 & M_4\end{pmatrix}$，使 $M_1\in \mathrm{Mat}_{r\times r}(\mathbb{F}_p)$，$M_2\in \mathrm{Mat}_{r\times(s-r)}(\mathbb{F}_p)$，$M_4\in \mathrm{Mat}_{(s-r)\times(s-r)}(\mathbb{F}_p)$ 且 $\det(M)$ 非零. 注意到 $\det(M)=\det(M_1)\det(M_4)$，故而 $\det(M_1)$ 和 $\det(M_4)$ 均不是 0. 特别地，$M_1\in \mathrm{GL}_r(\mathbb{F}_p)$.

比较 S 的定义，为证明 $\mathrm{im}(\alpha)\subseteq S$，只需要找到 $M_4\in \mathrm{GL}_{s-r}(\mathbb{F}_p)$ 的限制条件即可. 接下来，我们将分情况讨论.

对任意 $\varphi\in N_G(\mathfrak{t}_r^X)$，根据引理 16，在$\mathfrak{t}_r^X$ 的作用下，$\widetilde{\psi}_j$ 是权向量且它的权恰好是矩阵 $\alpha(\varphi)^{-1}$ 的第 j 列，$j=1,\cdots,s$. $\varphi\in G$ 且 $d_i^{X,r}\cdot\widetilde{\psi}_j=0$ 对任意 $1\leqslant j\leqslant r<i\leqslant s$ 都成立.

根据引理 15，对任意的 $i,j=1,\cdots,r$，$\widetilde{\psi}_j=a_j y_1^{l_{1j}}\cdots y_r^{l_{rj}}+\widetilde{\psi}'_j$ 使 $a_j\in\mathbb{K}$，$l_{ij}\in\mathbb{F}_p$ 且 $\widetilde{\psi}'_j$ 的最低次数都大于等于 2. 注意到 $\det(J(\varphi))$ 非零，所以当 $j>r$ 时，$\widetilde{\varphi}_j$ 的线性部分必须包含元素 $x_{r+1},x_{r+2},\cdots$.

(1) 假设 $\mathfrak{g}=W(n)$，当 $j>r$ 时，存在 $\sigma\in \mathrm{Map}(X,X)$，其中 $X:=\{r+1,\cdots,n\}$，使得

$$\widetilde{\psi}_j=\widetilde{\varphi}_j=a_j y_1^{l_{1j}}\cdots y_r^{l_{rj}}x_{\sigma(j)}+\widetilde{\psi}'_j,$$

其中 $a_j\in\mathbb{K}, l_{ij}\in\mathbb{F}_p$，截头多项式 $\widetilde{\psi}'_i$ 的最小次数大于等于 2.

此时，$\widetilde{\psi}_j$ 的权是 $(l_{1j},\cdots,l_{rj},0,\cdots,0)+\epsilon_{\sigma(j)}$，线性部分是 $a_jx_{\sigma(j)}$. 由 $J(\varphi)$ 的可逆性可知 σ 同样是可逆的，也就是说，$\sigma\in Perm(x_{r+1},\cdots,x_n)=S_{n-r}$.

因此，如果 $\mathfrak{g}=W(n)$，那么 $\mathrm{im}(\alpha)\subseteq S$.

(2) 假设 $\mathfrak{g}=S(n)^{(1)}$，对 $r<j\leqslant n-1$，根据引理 15，$\widetilde{\psi}_j=\widetilde{\varphi}_j$ 有两种可能性，分别是：

1) 存在一个映射 $\sigma\in\mathrm{Map}(X,X\backslash\{n\})$，其中 $X=\{r+1,\cdots,n\}$，使 $\widetilde{\varphi}_j=a_jy_1^{l_{1j}}\cdots y_r^{l_{rj}}x_{\sigma(j)}+\widetilde{\psi}'_j$，其中 $a_j\in\mathbb{K}, l_{ij}\in\mathbb{F}_p, i=1,\cdots,r$ 且 $\widetilde{\psi}'_j$ 的最小次数大于等于 2.

2) $\widetilde{\varphi}_j=a_jy_1^{l_{1j}}\cdots y_r^{l_{rj}}x_n+\widetilde{\psi}'_j$，其中 $a_j\in\mathbb{K}, l_{ij}\in\mathbb{F}_p, i=1,\cdots,r$ 且 $\widetilde{\psi}'_j$ 的最小次数大于等于 2.

根据引理 16，在情形 1) 中，$\widetilde{\varphi}_j$ 的权为 $(l_{1j},\cdots,l_{rj},0,\cdots,0)+\epsilon_{\sigma(j)}$. 在情形 2) 中，$\widetilde{\varphi}_j$ 的权为 $(l_{1j},\cdots,l_{rj},-\mathfrak{z})$，其中 $\mathfrak{z}=(1,\cdots,1)\in\mathbb{F}_p^{n-1-r}$.

接下来，假设 $\alpha(\varphi)=M^{-1}$，$M=\begin{pmatrix}M_1 & M_2\\ 0 & M_4\end{pmatrix}$，$M_4=(\beta_1,\cdots,\beta_{n-1-r})$，其中 $\beta_i\in\mathbb{F}_p^{n-1-r}$ 是 M_4 的列向量，$i=1,\cdots,n-1-r$. 根据 $J(\varphi)$ 和 M_4 的可逆性可知 $\{\beta_1,\cdots,\beta_{n-1-r}\}$ 恰恰是 $\{\epsilon_1,\cdots,\epsilon_{n-1-r},-\mathfrak{z}\}$ 的 $(n-1-r)$-排列，这些排列构成的群同构于 S_{n-r}. 因而，$M_4\in S_{n-r}$.

综上所述，如果 $\mathfrak{g}=S(n)^{(1)}$，那么 $\mathrm{im}(\alpha)\subseteq S$.

(3) 假设 $\mathfrak{g}=H(2m)^{(2)}$，对 $r<j\leqslant m$，类似上述论证可知，存在映射 $\sigma:X\to X$，其中 $X:=\{r+1,\cdots,2m\}$，使 $\widetilde{\psi}_j=\widetilde{\varphi}_j=a_jy_1^{l_{1j}}\cdots y_r^{l_{rj}}x_{\sigma(j)}+\widetilde{\psi}'_j$，其中 $a_j\in\mathbb{K}, l_{ij}\in\mathbb{F}_p, i=1,\cdots,r$ 且 $\widetilde{\psi}'_j$ 的最小次数大于等于 2.

1) 如果 $r+1\leqslant\sigma(j)\leqslant m$，那 $\widetilde{\varphi}_j$ 的权为 $(l_{1j},\cdots,l_{rj},0,\cdots,0)+\in_{\sigma(j)}$.

2) 如果 $m+1\leqslant\sigma(j)\leqslant m+r$，那么 $\widetilde{\varphi}_j$ 的权为

$$(l_{1j},\cdots,l_{\sigma(j)-m,j}-1,\cdots,l_{rj},0,\cdots,0).$$

3) 如果 $m+r+1\leqslant\sigma(j)\leqslant 2m$，那么 $\widetilde{\varphi}_j$ 的权为

$$(l_{1j},\cdots,l_{rj},0,\cdots,0)-\epsilon_{\sigma(j)-m}.$$

接下来，假设 $\alpha(\varphi)=M^{-1}$，$M=\begin{pmatrix}M_1 & M_2\\ 0 & M_4\end{pmatrix}$，$M_4=(\beta_1,\cdots,\beta_{n-1-r})$，其中 $\beta_i\in\mathbb{F}_n^{n-1-r}$ 是矩阵 M_4 的列向量，$i=1,\cdots,m$. 注意到 $J(\varphi)$ 和 M_4 都是可逆矩阵，因而向量组 $(\beta_1,\cdots,\beta_m)$ 一定是 $\{\nu_1,\cdots,\nu_m\}$ 的 m-排列，其中对所有 $i=1,\cdots,m$，$\nu_i\in\{\pm\epsilon_i\}$ 有两个选择. 不难证明，这些排列构成的群同构于 $S_m\ltimes\mathbb{Z}_2^m$，即 $M_4\in S_m\ltimes\mathbb{Z}_2^m$.

因此，如果 $\mathfrak{g}=H(2m)^{(2)}$，那么 $\mathrm{im}(\alpha)\subseteq S$.

综合上述情形，当 $\mathfrak{g}\in\{W(n),S(n)^{(1)},H(2m)^{(2)}\}$ 时，$\mathrm{im}(\alpha)\subseteq S$.

反过来，对任意 $N\in S$，我们需要验证 $N\in\mathrm{im}(\alpha)$.

不难发现，$M:=N^{-1}$ 同样是 S 中的元素，不妨设 $M=\begin{pmatrix}M_1 & M_2\\ 0 & M_4\end{pmatrix}$. 在接下来的证明中，我们将按照不同情况分别构造 $\varphi\in N_G(\mathfrak{t}_r^X)$，使 $\alpha(\varphi)=N$.

假设 $M=(m_{ij})$，$m_{ij}\in\mathbb{F}_p$，$i,j=1,\cdots,s$. 显然当 $j\leqslant r<i$ 时，$m_{ij}=0$.

(1) 如果 $\mathfrak{g}=W(n)$，$N,M\in\mathrm{GL}_n(\mathbb{F}_p)$，注意到

$$M_4\in W\simeq Perm(r+1,\cdots,n)=S_{n-r}.$$

假设 M_4 对应于 $\sigma\in S_{n-r}$，那么 $m_{ij}=\delta_{i,\sigma(j)}$，对任意 $i,j=r+1,\cdots,n$ 均成立.

定义 $\varphi\in G$ 为

$$\widetilde{\varphi}_j=\begin{cases}y_1^{m_{1j}}\cdots y_r^{m_{rj}}-1 & j=1,\cdots,r\\ y_1^{m_{1j}}\cdots y_r^{m_{rj}}x_{\sigma(j)} & j=r+1,\cdots,n\end{cases}.$$

直接计算知 $\det(J(\varphi))=\det(M_1)\cdot\mathrm{sign}(\sigma)+f$，其中 f 的最小次数为 1（因而也是幂零的）. 进而，$\det(J(\varphi))$ 非零，$\varphi\in G$. 进一步，

$$\varphi\cdot\begin{pmatrix}d_1^{W,r}\\ \vdots\\ d_n^{W,r}\end{pmatrix}=M^{-1}\begin{pmatrix}d_1^{W,r}\\ \vdots\\ d_n^{W,r}\end{pmatrix}=N\begin{pmatrix}d_1^{W,r}\\ \vdots\\ d_n^{W,r}\end{pmatrix}.$$

所以，$\alpha(\varphi)=N$.

(2) 当 $\mathfrak{g}=S(n)^{(1)}$ 时，$N,M\in \mathrm{GL}_{n-1}(\mathbb{F}_p)$. 用上述相同的论证可知，$M_4=(\beta_1,\cdots,\beta_{n-1-r})$，其中 $\{\beta_1,\cdots,\beta_{n-1-r}\}$ 落在群 $Perm_{n-1-r}(\epsilon_1,\cdots,\epsilon_{n-1-r},-\mathfrak{z})$ 中.

注意到 $Perm_{n-1-r}(\epsilon_1,\cdots,\epsilon_{n-1-r},-\mathfrak{z})\simeq Perm(r+1,\cdots,n)$，其中当 $i=1,\cdots,n-1-r$ 时，ϵ_i 对应于 $i+r$，$-\mathfrak{z}$ 对应于 n. 令 $\sigma\in Perm(r+1,\cdots,n)$ 是对应于矩阵 M_4 的元素.

定义 $\varphi\in \mathrm{Aut}(A(n))$ 如下：

$$\widetilde{\varphi}_j=\begin{cases}y_1^{m_{1j}}\cdots y_r^{m_{rj}}-1 & j=1,\cdots,r,\\ y_1^{m_{1j}}\cdots y_r^{m_{rj}}x_{\sigma(j)} & j=r+1,\cdots,n-1,\\ y_1^{-\sum_{j=1}^{n-1}m_{1j}+1}\cdots y_r^{-\sum_{j=1}^{n-1}m_{rj}+1}x_{\sigma(n)} & j=n.\end{cases}$$

如下断言可以通过直接计算得到：

1) $\varphi\in \mathrm{Aut}(A(n))\simeq \mathrm{Aut}(W(n))$.

2) $\det(J(\varphi))=\det(m_{ij}y_1^{m_{ij}}\cdots y_i^{m_{ij}-1}\cdots y_r^{m_{rj}})_{r\times r}$.

$$\mathrm{sgn}(\sigma)\ y_1^{-\sum_{j=1}^{r}m_{1j}+1}\cdots=\det(m_{ij})\mathrm{sgn}(\sigma)=\det(M_1)\mathrm{sgn}(\sigma)\in\mathbb{K}^*$$

因此，$\varphi\in \mathrm{Aut}(S(n)^{(1)})$.

3) $$\varphi\cdot\begin{pmatrix}d_1^{S,r}\\ \cdots\\ d_{n-1}^{S,r}\end{pmatrix}=M^{-1}\begin{pmatrix}d_1^{S,r}\\ \cdots\\ d_{n-1}^{S,r}\end{pmatrix}=N\begin{pmatrix}d_1^{S,r}\\ \cdots\\ d_{n-1}^{S,r}\end{pmatrix}.$$

因此，$\varphi\in N_G(\mathfrak{t}_r^S)$，其中 $G=\mathrm{Aut}(S(n)^{(1)})$，使 $\alpha(\varphi)=N$.

(3) 当 $\mathfrak{g}=H(2m)^{(2)}$ 时，M_4 对应于元素 $\tau=\tau_1\tau_2\in S_{m-r}\ltimes\mathbb{Z}_2^{m-r}$，其中

$$\tau_1 \in Perm(r+1,\cdots,m) \simeq S_{m-r}, \tau_2=(a_{r+1},\cdots,a_m) \in \mathbb{Z}_2^{m-r}.$$

进一步地，τ 在集合$\{1,\cdots,2m\}$上按照如下方式作用：

$$\tau(j)=j \quad j=1,\cdots,r \text{ 或 } j=m+1,\cdots,m+r,$$

$$\tau(j)=\tau_1(j)+m\delta_{1,-a_j} \quad j=r+1,\cdots,m,$$

$$\tau(j)=\tau_1(j')+m\delta_{1,a_{j'}} \quad j=m+r+1,\cdots,2m,$$

其中，

$$\delta_{u,v}=\begin{cases}1 & \text{如果 } u=v \\ 0 & \text{其他}\end{cases}.$$

不难验证 $\tau(j)'=\tau(j')$ 对所有 j 都成立. 进一步地，该作用可以诱导出 $A(2m)$上的自同构为 $\tau(x_j):=x_{\tau(j)}$ 对所有 j.

$M=(m_{ij}) \in \mathrm{GL}_m(\mathbb{F}_p)$，$N=(n_{ij}) \in \mathrm{GL}_m(\mathbb{F}_p)$，$N_1:=(n_{ij})_{i,j=1,\cdots,r}$. 那么，$N_1M_1=Id_r$.

定义自同构 $\varphi \in G$ 如下：

$$\widetilde{\varphi}_j=\begin{cases}y_1^{m_{1j}}\cdots y_r^{m_{rj}}-1 & j=1,\cdots,r \\ y_1^{m_{1j}}\cdots y_r^{m_{rj}}x_{\tau(j)} & j=r+1,\cdots,m \\ \sum_{i=1}^{r} n_{j'i}y_1^{-m_{1j'}}\cdots y_i^{-m_{ij'}}+1\cdots y_r^{m_{rj'}}x_{i'} & j=m+1,\cdots,m+r \\ y_1^{-m_{1j'}}\cdots y_r^{-m_{rj'}}x_{\tau(j)} & j=m+r+1,\cdots,2m\end{cases}.$$

如下断言可以直接验证得到：

1) $\varphi \in \mathrm{Aut}(H(2m)^{(2)})$.

事实上，$\{\widetilde{\varphi}_j,\widetilde{\varphi}_k\}=\bar{j}\delta_{j,k'}$对任意 $j,k=1,\cdots,2m$，其中

$$\bar{i}=\begin{cases}1 & i=1,\cdots,m \\ -1 & i=m+1,\cdots,2m\end{cases}.$$

限于篇幅，这里仅列举一个比较复杂的计算，即当 $1\leqslant j\leqslant r$，$m+1\leqslant k\leqslant m+r$

时，$\overline{j}=1$.

$$\{\widetilde{\varphi}_j,\widetilde{\varphi}_k\}=\sum_{i=1}^{r}m_{ij}y_1^{m_{1j}}\cdots y_i^{m_{ij}-1}\cdots y_r^{m_{rj}}n_{k'i}y_1\cdots y_i^{-m_{ik'}+1}\cdots y_r^{m_{rk'}}$$

$$=(\sum_{i=1}^{r}n_{k'i}m_{ij})y_1^{m_{1j}-m_{1k'}}\cdots y_r^{m_{rj}-m_{rk'}}=\delta_{j,k'}.$$

2) $\widetilde{\varphi}_j$ 的权为

$$(m_{1j},\cdots,m_{rj},0,\cdots,0),1\leqslant j\leqslant r;$$

$$(m_{1j},\cdots,m_{rj},0,\cdots,0)+\overline{\tau(j)}\epsilon_{\tau_1(j)},r+1\leqslant j\leqslant m;$$

$$(-m_{1j},\cdots,-m_{rj},0,\cdots,0),m+1\leqslant j\leqslant m+r;$$

$$(-m_{1j},\cdots,-m_{rj},0,\cdots,0)+\overline{\tau(j)}\epsilon_{\tau_1(j')},m+r\leqslant j\leqslant 2m.$$

3) 根据引理 16，我们有

$$\varphi\cdot\begin{pmatrix}d_1^{H,r}\\ \vdots\\ d_m^{H,r}\end{pmatrix}=M^{-1}\begin{pmatrix}d_1^{H,r}\\ \vdots\\ d_m^{H,r}\end{pmatrix}=N\begin{pmatrix}d_1^{H,r}\\ \vdots\\ d_m^{H,r}\end{pmatrix}.$$

所以，当 $\mathfrak{g}=H(2m)^{(2)}$ 时，$\varphi\in N_G(\mathfrak{t}_r^H)$ 且 $\alpha(\varphi)=N$.

综上所述，如果 $\mathfrak{g}\in\{W,S,H\}$，那么对任意元素 $N\in S$，存在 $\varphi\in N_G(\mathfrak{t}_r^X)$ 使 $\alpha(\varphi)=N$，即 $S\subseteq\mathrm{im}(\alpha)$.

所以，$\mathrm{im}(\alpha)=S$，即性质成立.

注记 20：当 $\mathfrak{g}=W(n)$ 时，后文将直接计算得到 $\varphi\in N_G(\mathfrak{t}_r^W)$ 当且仅当：

$$\widetilde{\varphi}_j=\begin{cases}y_1^{m_{1j}}\cdots y_r^{m_{rj}}-1 & j=1,\cdots,r\\ a_jy_1^{m_{1j}}\cdots y_r^{m_{rj}}x_{\sigma(j)} & j=r+1,\cdots,n\end{cases},$$

其中 $a_{r+1},\cdots,a_n\in\mathbb{K}^*$，$\sigma\in Perm(r+1,\cdots,n)$，$(m_{ij})_{1\leqslant i,j\leqslant r}\in\mathrm{GL}_r(\mathbb{F}_p)$. 进一步有：

$$C_G(\mathfrak{t}_r^W)=N_G(\mathfrak{t}_r^W)^\circ\simeq(\mathbb{K}^*)^{n-r}.$$

定理 1：沿用上述记号，如下结论成立：

(1) $W(W(n),\mathfrak{t}_r^W)\simeq(\mathrm{GL}_r(\mathbb{F}_p)\times S_{n-r})\ltimes \mathrm{Mat}_{r\times(n-r)}(\mathbb{F}_p), r=0,\cdots,n.$

(2) $W(S(n)^{(1)},\mathfrak{t}_r^S)\simeq(\mathrm{GL}_r(\mathbb{F}_p)\times S_{n-r})\ltimes \mathrm{Mat}_{r\times(n-1-r)}(\mathbb{F}_p), r=0,\cdots,n-1.$

(3) $W(H(2m)^{(2)},\mathfrak{t}_r^H)\simeq(\mathrm{GL}_r(\mathbb{F}_p)\times(S_{m-r}\ltimes\mathbb{Z}_2^{m-r}))\ltimes \mathrm{Mat}_{r\times(n-r)}(\mathbb{F}_p), r=0,\cdots,m.$

注记 21:值得注意的是,在文献[14]中,常浩得到 $W(n)$ 关于其极大环面子代数的 Weyl 群. 同时期,在文献[43]中,该文作者同样计算得到了 W 型、S 型和 H 型李代数关于其极大环面子代数的 Weyl 群. 但本节的证明是独立的,证明方法对下一节的证明有帮助.

4.4　半单轨道

本节将利用 Weyl 群作用分别刻画 $W(n)$、$S(n)^{(1)}$ 和 $H(2m)^{(2)}$ 的半单轨道.

回顾标准极大环面子代数记作 $\mathfrak{t}_r^X$,其中 $X\in\{W,S,H\}$, $G:=\mathrm{Aut}(X)$. 同时, $\mathfrak{t}_r^X$ 有一组 tori 元构成的基,即 $\mathbb{B}=\{d_i^{X,r}\mid i=1,\cdots,s\}$,

$$d_i^{X,r}=\begin{cases}z_i^{(r)}\partial_i & X=W(n)\\ z_i^{(r)}\partial_i-x_n\partial_n & X=S(n)^{(1)}\\ z_i^{(r)}\partial_i-x_{i+m}\partial_{i+m} & X=H(2m)^{(2)}\end{cases},$$

其中 $z_i^{(r)}=1+x_i$ 或者 x_i.

定义 15:对 $r=0,\cdots,s$, 定义如下:

$$\mathfrak{t}_r^{X,r}:=\{d\in\mathfrak{t}_r^X\mid G\cdot d\cap\mathfrak{t}_s^X=\varnothing,\ \forall s=1,\cdots,r-1\}.$$

$\mathbb{K}$可以看作其素域$\mathbb{F}_p$ 上的线性空间.

性质 10:令 $\mathfrak{g}\in\{W(n),S(n)^{(1)},H(2m)^{(2)}\}$, $G=\mathrm{Aut}(\mathfrak{g})$, $\mathfrak{t}_r^X$ 是 $\mathfrak{g}$ 的标准极

大环面子代数，$\{d_1^{X,r},\cdots,d_s^{X,r}\}$ 由是其一组 tori 元构成的基，其中 $X\in\{W,S,H\}$，

$$s=\begin{cases} n & \mathfrak{g}=W(n) \\ n-1 & \mathfrak{g}=S(n)^{(1)} \\ m & \mathfrak{g}=H(2m)^{(2)} \end{cases}.$$

假设 $d=\sum\limits_{i=1}^{s}\lambda_i d_i^{X,r}\in \mathfrak{t}_r^X$，其中 $\lambda_i\in\mathbb{K}$.

那么，$d\in\mathfrak{t}_r^{X,r}$ 当且仅当 $\lambda_1,\cdots,\lambda_r$ 是$\mathbb{F}_p$ 线性无关的.

证明：等价地，我们将证明断言 $d\notin\mathfrak{t}_r^{X,r}$ 当且仅当 $\lambda_1,\cdots,\lambda_r$ $\mathbb{F}_p$-线性相关.

假设 $\lambda\notin\mathfrak{t}_r^{X,r}$，那么必然存在 $\mu\in G$ 使 $\mu(d)=\sum\limits_{i=1}^{s}a_i d_i^{X,j}\in\mathfrak{t}_j^X$，其中 $j<r$. 记：

$$\tilde{\psi}_i=\begin{cases} 1+\tilde{\mu}_i=1+\mu(x_i) & i=1,\cdots,r \\ \tilde{\mu}_i=\mu(x_i) & \text{其他} \end{cases}.$$

断言 1：$\mu(d)\cdot\tilde{\psi}_i=\lambda_i\tilde{\psi}_i,i=1,\cdots,s.$

断言 1 的证明：

(1)若 $\mathfrak{g}=W(n)$，$s=n$，那么 $\mu(d)=\sum\limits_{i=1}^{n}a_i d_i^{X,j}$ 等价于

$$(a_1,\cdots,a_n)\begin{pmatrix} z_1^{(r)} & \cdots & 0 \\ \vdots & \ddots & \vdots \\ 0 & \cdots & z_n^{(r)} \end{pmatrix}\begin{pmatrix} \partial_1 \\ \vdots \\ \partial_n \end{pmatrix}=(\lambda_1\cdots\lambda_n)\begin{pmatrix} \tilde{\psi}_1 & \cdots & 0 \\ \vdots & \ddots & \vdots \\ 0 & \cdots & \tilde{\psi}_n \end{pmatrix}J(\mu)^{-1}\begin{pmatrix} \partial_1 \\ \vdots \\ \partial_n \end{pmatrix}$$

$$\Leftrightarrow(a_1,\cdots,a_n)\begin{pmatrix} z_1^{(r)} & \cdots & 0 \\ \vdots & \ddots & \vdots \\ 0 & \cdots & z_n^{(r)} \end{pmatrix}J(\mu)=(\lambda_1\cdots\lambda_n)\begin{pmatrix} \tilde{\psi}_1 & \cdots & 0 \\ \vdots & \ddots & \vdots \\ 0 & \cdots & \tilde{\psi}_n \end{pmatrix}.$$

根据 $J(\mu)$，$z_i^{(r)}$ 的定义，且 $\partial_i(\tilde{\psi}_k)=\partial_i(\tilde{\mu}_k)$，那么，上述等式等价于

$$(a_1,\cdots,a_n)(d_i^{X,r}\tilde{\psi}_j)=(\lambda_1\cdots\lambda_n)\begin{pmatrix} \tilde{\psi}_1 & \cdots & 0 \\ \vdots & \ddots & \vdots \\ 0 & \cdots & \tilde{\psi}_n \end{pmatrix}.$$

即$(\mu(d)\tilde{\psi}_1,\cdots,\mu(d)\tilde{\psi}_n)=(\lambda_1\tilde{\psi}_1,\cdots,\lambda_n\tilde{\psi}_n)$. 故而 $\mathfrak{g}=W(n)$时,断言 1 成立.

(2)当 $\mathfrak{g}=S(n)^{(1)}$时,$s=n-1$. 类似上述的论证方式,$\mu(d)=\sum_{i=1}^{n-1}a_id_i^{X,j}$ 等价于

$$(a_1,\cdots,a_{n-1})\begin{pmatrix} z_1^{(r)} & \cdots & 0 & -x_n \\ \vdots & \ddots & \vdots & \vdots \\ 0 & \cdots & z_{n-1}^{(r)} & -x_n \end{pmatrix}J(\mu)$$

$$=(\lambda_1\cdots\lambda_{n-1})\begin{pmatrix} \tilde{\psi}_1 & \cdots & 0 & -\tilde{\mu}_n \\ \vdots & \ddots & \vdots & \vdots \\ 0 & \cdots & \tilde{\psi}_{n-1} & -\tilde{\mu}_n \end{pmatrix}.$$

即

$$(\mu(d)\tilde{\psi}_1,\cdots,\mu(d)\tilde{\psi}_{n-1},\mu(d)\tilde{\mu}_n)=(\lambda_1\tilde{\psi}_1,\cdots,\lambda_{n-1}\tilde{\psi}_{n-1},(-\sum_{i=1}^{n-1}\lambda_i)\tilde{\mu}_n).$$

故而,当 $\mathfrak{g}=S(n)^{(1)}$时,断言 1 成立. 进一步地,

$$\mu(d)\tilde{\mu}_n=(-\sum_{i=1}^{n-1}\lambda_i)\tilde{\mu}_n.$$

(3)当 $\mathfrak{g}=H(2m)^{(2)}$时,$s=m$. 类似上面的论证方式,$\mu(d)=\sum_{i=1}^{m}a_id_i^{X,j}$ 等价于

$$(a_1,\cdots,a_m)\begin{pmatrix} z_1^{(r)} & \cdots & 0 & -x_{m+1} & \cdots & 0 \\ \vdots & \ddots & \vdots & \vdots & \ddots & \vdots \\ 0 & \cdots & z_m^{(r)} & 0 & \cdots & -x_{2m} \end{pmatrix}J(\mu)$$

$$=(\lambda_1\cdots\lambda_m)\begin{pmatrix} \tilde{\psi}_1 & \cdots & 0 & -\tilde{\mu}_{m+1} & \cdots & 0 \\ \vdots & \ddots & \vdots & \vdots & \ddots & \vdots \\ 0 & \cdots & \tilde{\psi}_{n-1} & 0 & \cdots & -\tilde{\mu}_{2m} \end{pmatrix}.$$

即$(\mu(d)\widetilde{\psi}_1,\cdots,\mu(d)\widetilde{\psi}_m,\mu(d)\widetilde{\mu}_{m+1},\cdots,\mu(d)\widetilde{\mu}_{2m})=(\lambda_1\widetilde{\psi}_1,\cdots,\lambda_m\widetilde{\psi}_m,-\lambda_1\widetilde{\mu}_{m+1},\cdots,-\lambda_m\widetilde{\mu}_{2m})$.

因此,当 $\mathfrak{g}=H(2m)^{(2)}$ 时,断言 1 成立. 进一步地,$\mu(d)\widetilde{\mu}_i=-\lambda_{i'}\widetilde{\mu}_i$ 对所有 $i=m+1,\cdots,2m$ 都成立.

综合(1)、(2)和(3),断言 1 成立.

断言 2: 存在矩阵 $U=(u_{ik})\in \mathrm{Mat}_{r\times j}(\mathbb{F}_p)$ 使 $(\lambda_1\cdots\lambda_r)^T=U(a_1\cdots a_j)^T$.

断言 2 的证明:$\mu(d)=\sum_{i=1}^{s}a_id_i^{X,j}$ 是一个半单元,因此 $A(n)$ 关于 $\mu(d)$ 的作用有特征空间的分解,$A(n)=\bigoplus_{l\in\mathbb{K}}A_l$,其中 $A_l:=\{f\in A(n)\mid\mu(d)\cdot f=lf\}$.

容易验证如下等式:

(1) $\mathfrak{g}=W(n)$,则 $A_l=\{y_1^{l_1}\cdots y_j^{l_j}x_{j+1}^{l_{j+1}}\cdots x_n^{l_n}\mid\forall i,l_i\in\mathbb{F}_p$ 且 $\sum_{i=1}^{n}a_il_i=l\}$.

(2) $\mathfrak{g}=S(n)^{(1)}$,则 $A_l=\{y_1^{l_1}\cdots y_j^{l_j}x_{j+1}^{l_{j+1}}\cdots x_n^{l_n}\mid\forall i,l_i\in\mathbb{F}_p$ 且 $\sum_{i=1}^{n-1}a_i(l_i-l_n)=l\}$.

(3) $\mathfrak{g}=H(2m)^{(2)}$,则 $A_l=\{y_1^{l_1}\cdots y_j^{l_j}x_{j+1}^{l_{j+1}}\cdots x_{2m}^{l_{2m}}\mid\forall i,l_i\in\mathbb{F}_p$ 且 $\sum_{i=1}^{m}a_i(l_i-l_{m+i})=l\}$.

根据断言 1,当 $\mathfrak{g}\in\{W,S,H\}$ 时,$\widetilde{\psi}_i=1+\widetilde{\mu}_i\in A(n)_{\lambda_i}$,$i=1,\cdots,r$.

由于 $\mu\in G$,结合特征空间 A_l 的刻画,当 $i=1,\cdots,r$ 时,$\widetilde{\psi}_i$ 必然包含非零系数的项 $y_1^{u_{i1}}\cdots y_j^{u_{ij}}$ 作为其一个单项. 结合断言 1 有

$$\lambda_i=u_{i1}a_1+\cdots+u_{ij}a_j,i=1,\cdots,r.$$

因为所有的 u_{ik} 都属于 $\mathbb{F}_p$,断言 2 成立.

根据断言 2 以及 $j<r$ 的事实,$\lambda_1,\cdots,\lambda_r$ 是 $\mathbb{F}_p$ 线性相关的.

反过来,现在假设 $\lambda_1,\cdots,\lambda_r$ 是 $\mathbb{F}_p$ 线性相关的,不妨设 $\sum_{i=1}^{r}a_i\lambda_i=0$,其中 $a_i\in\mathbb{F}_p$. 不失一般性,不妨设 $a_r=-1$,即 $\lambda_r=\sum_{i=1}^{r-1}a_i\lambda_i$.

断言 3: 存在 $\mu\in G$ 使 $\mu(d)\in\mathfrak{t}_{r-1}^X$,其中 $X\in\{W,S,H\}$.

断言 3 的证明:记

$$\widetilde{\psi}_i=\begin{cases}1+\widetilde{\mu}_i & \text{if} \quad 1\leqslant i\leqslant r\\ \widetilde{\mu}_i & \text{if} \quad r+1\leqslant i\leqslant n\end{cases}.$$

接下来我们将分情况讨论：

(1) $\mathfrak{g}=W(n)$，定义 μ 如下：

$$\widetilde{\mu}_i=\begin{cases}x_i & i\neq r\\ x_r+Y^{\underline{a}}-1 & i=r\end{cases},$$

其中 $\underline{a}=(a_1,\cdots,a_{r-1})$，$Y^{\underline{a}}=y_1^{a_1}\cdots y_{r-1}^{a_{r-1}}$. 如下结论可以直接验证：

1)

$$J(\mu)=\begin{pmatrix}I_{r-1} & \beta & 0\\ 0 & 1 & 0\\ 0 & 0 & I_{n-r}\end{pmatrix},$$

其中 $\beta=(a_1Y^{\underline{a}-\epsilon_1},\cdots,a_{r-1}Y^{\underline{a}-\epsilon_{r-1}})^T$. 进一步地，$\det(J(\mu))=1$，因而 $\mu\in \mathrm{Aut}(W(n))$ 且有：

$$J(\mu)^{-1}=\begin{pmatrix}I_{r-1} & -\beta & 0\\ 0 & 1 & 0\\ 0 & 0 & I_{n-r}\end{pmatrix}.$$

2)

$$\mu(d)=(\lambda_1,\cdots,\lambda_{n-1})\begin{pmatrix}\widetilde{\psi}_1 & \cdots & 0\\ \vdots & \ddots & \vdots\\ 0 & \cdots & \widetilde{\psi}_n\end{pmatrix}J(\mu)^{-1}\begin{pmatrix}\partial_1\\ \vdots\\ \partial_n\end{pmatrix}$$

$$=(\lambda_1,\cdots,\lambda_{n-1})\begin{pmatrix} y_1 & \cdots & 0 & -a_1Y^{\underline{a}} & 0 \\ \vdots & \ddots & \vdots & \vdots & \vdots \\ 0 & \cdots & y_{r-1} & -a_{r-1}Y^{\underline{a}} & 0 \\ 0 & \cdots & 0 & x_r+Y^{\underline{a}} & 0 \\ 0 & \cdots & 0 & 0 & X \end{pmatrix}\begin{pmatrix} \partial_1 \\ \vdots \\ \partial_n \end{pmatrix}$$

$$=\sum_{i=1}^{r-1}\lambda_i y_i\partial_i+\sum_{i=r}^{n}\lambda_i x_i\partial_i\in \mathfrak{t}_{r-1}^{W},$$

其中 $X=\mathrm{diag}(x_{r+1},\cdots,x_n)$. 因此,$\mathfrak{g}=W(n)$,断言 3 成立.

(2)$\mathfrak{g}=S(n)^{(1)}$,定义 μ 如下:

$$\widetilde{\mu}_i=\begin{cases} x_i & \text{if} \quad i\neq r \\ x_r+Y^{\underline{a}}-1 & \text{if} \quad i=r \end{cases},$$

其中 $\underline{a}=(a_1,\cdots,a_{r-1})$,$Y^{\underline{a}}=y_1^{a_1}\cdots y_{r-1}^{a_{r-1}}$. 直接计算可知:

(ⅰ)

$$J(\mu)=\begin{pmatrix} I_{r-1} & \beta & 0 \\ 0 & 1 & 0 \\ 0 & 0 & I_{n-r} \end{pmatrix},$$

其中 $\beta=(a_1Y^{\underline{a}-\epsilon_1},\cdots,a_{r-1}Y^{\underline{a}-\epsilon_{r-1}})^T$. 进一步地,$\det(J(\mu))=1$,因而 $\mu\in \mathrm{Aut}(S(n)^{(1)})$ 且有

$$J(\mu)^{-1}=\begin{pmatrix} I_{r-1} & -\beta & 0 \\ 0 & 1 & 0 \\ 0 & 0 & I_{n-r} \end{pmatrix}.$$

（ii）

$$\mu(d)=(\lambda_1,\cdots,\lambda_{n-1})\begin{pmatrix}\widetilde{\psi}_1 & \cdots & 0 & -\widetilde{\mu}_n\\ \vdots & \ddots & \vdots & \vdots\\ 0 & \cdots & \widetilde{\psi}_{n-1} & -\widetilde{\mu}_n\end{pmatrix}J(\mu)^{-1}\begin{pmatrix}\partial_1\\ \vdots\\ \partial_n\end{pmatrix}$$

$$=(\lambda_1,\cdots,\lambda_{n-1})\begin{pmatrix}y_1 & \cdots & 0 & -a_1Y^{\underline{a}} & 0 & -x_n\\ \vdots & \ddots & \vdots & \vdots & \vdots & -x_n\xi_{r-2}\\ 0 & \cdots & y_{r-1} & -a_{r-1}Y^{\underline{a}} & 0 & -x_n\\ 0 & \cdots & 0 & x_r+Y^{\underline{a}} & 0 & -x_n\\ 0 & \cdots & 0 & 0 & X & -x_n\xi_{n-r}\end{pmatrix}\begin{pmatrix}\partial_1\\ \vdots\\ \partial_n\end{pmatrix}$$

$$=\sum_{i=1}^{r-1}\lambda_i(y_i\partial_i-x_n\partial_n)+\sum_{i=r}^{n-1}\lambda_i(x_i\partial_i-x_n\partial_n)\in\mathfrak{t}_{r-1}^{S},$$

其中 $X=\mathrm{diag}(x_{r+1},\cdots,x_{n-1})$，$\xi_m:=(1,\cdots,1)^T$. 因此，当 $\mathfrak{g}=S(n)^{(1)}$ 时断言 3 成立.

（3）$\mathfrak{g}=H(2m)^{(2)}$，定义 μ 如下：

$$\widetilde{\mu}_i=\begin{cases}x_i & i\neq r \text{ 且 } 1\leqslant i\leqslant r\\ x_r+Y^{\underline{a}}-1 & i=r\\ x_i-a_{i'}Y^{\underline{a}-\epsilon_{i'}}x_{m+r} & m+1\leqslant i\leqslant m+r-1\\ x_i & m+r\leqslant i\leqslant 2m\end{cases},$$

其中 $\underline{a}=(a_1,\cdots,a_{r-1})$，$Y^{\underline{a}}=y_1^{a_1}\cdots y_{r-1}^{a_{r-1}}$.

1）$\det(J(\mu))=1$，因而 $\mu\in\mathrm{Aut}(W(n))$.

2）$\{\widetilde{\mu}_i,\widetilde{\mu}_k\}=\bar{\iota}\delta_{i',k}$，因而 $\mu\in\mathrm{Aut}(H(2m))$. 限于篇幅，此处仅举关键的例子，即 $i=r$ 的情形.

a. $1\leqslant k\leqslant m$，由于 $\widetilde{\mu}_r,\widetilde{\mu}_k$ 都属于 $A(x_1,\cdots,x_m)$，因而 $\{\widetilde{\mu}_r,\widetilde{\mu}_k\}=0$.

b. $m+1\leqslant k\leqslant m+r-1$，有

$$\{\widetilde{\mu}_r,\widetilde{\mu}_k\}=\{x_r+Y^{\underline{a}}-1,x_k-a_{k'}Y^{\underline{a-\epsilon_{k'}}}x_{m+r}\}$$

$$=\overline{r}\partial_r(x_r)\partial_{m+r}(-a_{k'}Y^{\underline{a-\epsilon_{k'}}}x_{m+r})+\overline{k}'\partial_{k'}(Y^{\underline{a}})\partial_k(x_k)=0.$$

c. $m+r\leqslant k\leqslant 2m$,有

$$\{\widetilde{\mu}_r,\widetilde{\mu}_k\}=\{x_r+Y^{\underline{a}}-1,x_k\}=\delta_{r',k}.$$

3)这一部分主要计算 $\mu(d)$. 先计算 $J(\mu)^{-1}$:

$$J(\mu)^{-1}=\begin{pmatrix}A_1 & B\\ 0 & A_2\end{pmatrix}\in \mathrm{GL}_m(\mathbb{F}_p),$$

其中

$$A_1=\begin{pmatrix}I_{r-1} & -\beta & 0\\ 0 & 1 & 0\\ 0 & 0 & I_{m-r}\end{pmatrix}\in \mathrm{GL}_m(\mathbb{F}_p),$$

$$\beta=\begin{pmatrix}a_1Y^{\underline{a-\epsilon_1}}\\ \vdots\\ a_{r-1}Y^{\underline{a-\epsilon_{r-1}}}\end{pmatrix},$$

$$A_2=\begin{pmatrix}I_{r-1} & 0 & 0\\ \beta^T & 1 & 0\\ 0 & 0 & I_{m-r}\end{pmatrix},$$

$$B=\begin{pmatrix}B' & 0 & 0\\ 0 & 0 & 0\\ 0 & 0 & 0\end{pmatrix},$$

$$B'=\begin{pmatrix}a_1(a_1-1)Y^{\underline{a-2\epsilon_1}}x_{m+r} & \cdots & a_1a_{r-1}Y^{\underline{a-\epsilon_1-\epsilon_{r-1}}}x_{m+r}\\ \vdots & \ddots & \vdots\\ a_{r-1}a_1Y^{\underline{a-\epsilon_1-\epsilon_{r-1}}}x_{m+r} & \cdots & a_{r-1}(a_{r-1}-1)Y^{\underline{a-2\epsilon_{r-1}}}x_{m+r}\end{pmatrix}.$$

令 $\Lambda := (\lambda_1, \cdots, \lambda_m)$，$C_1 := \mathrm{diag}(\tilde{\psi}_1, \cdots, \tilde{\psi}_m)$，$C_2 := \mathrm{diag}(-\tilde{\mu}_1, \cdots, -\tilde{\mu}_m)$，则有

$$\mu(d) = \Lambda(C_1 \quad C_2)\begin{pmatrix} A_1 & B \\ 0 & A_2 \end{pmatrix}\begin{pmatrix} \partial_1 \\ \vdots \\ \partial_{2n} \end{pmatrix} = (\Lambda C_1 A_1 \quad \Lambda(C_1 B + C_2 A_2))\begin{pmatrix} \partial_1 \\ \vdots \\ \partial_{2n} \end{pmatrix}.$$

计算可知：

$$\Lambda C_1 A_1 = (\lambda_1 y_1, \cdots, \lambda_{r-1} y_{r-1}, \lambda_r x_r, \cdots, \lambda_m x_m),$$

$$\Lambda(C_1 B + C_2 A_2) = (-\lambda_1 x_{m+1}, \cdots, -\lambda_m x_{2m}).$$

因此，$\mu(d) = \sum_{i=1}^{r-1} \lambda_i D_H(y_i x_{i+m}) + \sum_{i=r}^{m} \lambda_i D_H(x_i x_{i+m}) \in \mathfrak{t}_{r-1}^H$.

综上所述，当 $\mathfrak{g} \in \{W, S, H\}$ 时，断言 3 成立.

作为推论，由 $\lambda_1, \cdots, \lambda_r$ $\mathbb{F}_p$-线性相关可推出 $\lambda \notin \mathfrak{t}_r^X$，$X \in \{W, S, H\}$.

故而，$X \in \{W, S, H\}$ 时，$\lambda \notin \mathfrak{t}_r^{X,r}$ 当且仅当 $\lambda_1, \cdots, \lambda_r$ $\mathbb{F}_p$-线性相关，即性质成立.

推论 5：令 $W(\mathfrak{t}_r^X)$ 是关于 $\mathfrak{t}_r^X$ 的 Weyl 群，其中 $X \in \{W, S, H\}$，那么 $W(\mathfrak{t}_r^X)$ 可以作用于 $\mathfrak{t}_r^{X,r}$.

证明：对任意 $\tau \in W(\mathfrak{t}_r^X)$ 及 $\lambda = \sum_i \lambda_i d_i^{X,r} \in \mathfrak{t}_r^{X,r}$，我们将证明 $\tau \cdot \lambda \in \mathfrak{t}_r^{X,r}$.

根据性质 9，$M := \alpha(\tau) \in \mathrm{GL}_s(\mathbb{F}_p)$ 有分块矩阵形式 $\begin{pmatrix} M_1 & M_2 \\ 0 & M_4 \end{pmatrix}$，其中 $M_1 \in \mathrm{GL}_r(\mathbb{F}_p)$. 进一步，

$$\tau \cdot \lambda = (\lambda_1, \cdots, \lambda_s) M (d_1^{X,r}, \cdots, d_s^{X,r})^T.$$

假设 $(\mu_1, \cdots, \mu_s) = (\lambda_1, \cdots, \lambda_s) M$，直接计算可知 $(\mu_1, \cdots, \mu_r) = (\lambda_1, \cdots, \lambda_r) M_1$.

根据上面的性质，$\lambda \in \mathfrak{t}_r^{X,r}$ 当且仅当 $\lambda_1, \cdots, \lambda_r$ 是 $\mathbb{F}_p$ 线性无关的，当且仅当 $\mu_1, \cdots, \mu_r$ 是 $\mathbb{F}_p$ 线性无关的（注意到 $M_1 \in \mathrm{GL}_r(\mathbb{F}_p)$）.

因而，$\tau\cdot\lambda=\sum_i \mu_i d_i^{X,r}$ 落在$\mathfrak{t}_r^{X,r}$ 中.

性质 11：令$\mathfrak{t}_r^X$ 是 $\mathfrak{g}$ 的标准极大环面子代数，那么对所有的 $d\in\mathfrak{t}_r^{X,r}$，有

$$G\cdot d\cap\mathfrak{t}_r^{X,r}=\{w(d)\mid w\in W(\mathfrak{g},\mathfrak{t}_r^X)\},$$

其中 X 对应 $\mathfrak{g}\in\{W,S,H\}$.

证明：设 $d=\sum_i\beta_i d_i^{X,r}$，$\mu\in G$ 使 $t=\mu(d)=\sum_i\alpha_i d_i^{X,r}\in\mathfrak{t}_r^{X,r}$. 根据性质 10，$\{\alpha_1,\cdots,\alpha_r\}$ 和$\{\beta_1,\cdots,\beta_r\}$都是$\mathbb{F}_p$ 线性无关的.

使用类似于性质 10 的证明过程，有

$$t\cdot(1+\tilde{\mu}_i)=\beta_i(1+\tilde{\mu}_i),i=1,\cdots,r,$$
$$t\cdot\tilde{\mu}_i=\beta_i\tilde{\mu}_i,i=r+1,\cdots,s. \qquad (*)$$

注意到 $t=\sum_{i=1}^{s}\alpha_i d_i^{X,r}$ 是一个半单元，因而 $A(n)$有权空间分解，

$$A(n)=\bigoplus_{l\in\mathbb{K}}A_l,A_l:=\{f\in A(n)\mid t\cdot f=lf\}.$$

类似于性质 10 中断言 2 的证明，如下结论成立：

(1) $\mathfrak{g}=W(n)$，则

$$A_l=\{y_1^{l_1}\cdots y_r^{l_r}x_{r+1}^{l_{r+1}}\cdots x_n^{l_n}\mid\forall i,l_i\in\mathbb{F}_p\text{ 且}\sum_{i=1}^{n}a_il_i=l\}.$$

(2) $\mathfrak{g}=S(n)^{(1)}$，则

$$A_l=\{y_1^{l_1}\cdots y_r^{l_r}x_{r+1}^{l_{r+1}}\cdots x_n^{l_n}\mid\forall i,l_i\in\mathbb{F}_p\text{ 且}\sum_{i=1}^{n-1}a_i(l_i-l_n)=l\}.$$

(3) $\mathfrak{g}=H(2m)^{(2)}$，则

$$A_l=\{y_1^{l_1}\cdots y_r^{l_r}x_{r+1}^{l_{r+1}}\cdots x_{2m}^{l_{2m}}\mid\forall i,l_i\in\mathbb{F}_p\text{ 且}\sum_{i=1}^{m}a_i(l_i-l_{m+i})=l\}.$$

根据公式(*)，$\tilde{\psi}_i\in A_{\beta_i},i=1,\cdots,s$，其中

$$\tilde{\psi}_i=\begin{cases}1+\tilde{\mu}_i & i=1,\cdots,r\\ \tilde{\mu}_i & i=r+1,\cdots,s\end{cases}.$$

下面将分情况证明本定理.

(1) $\mathfrak{g}=W(n)$. 由于 $\mu\in \mathrm{Aut}(W(n))$,结合前文的权空间分解,我们有:

当 $i=1,\cdots,r$ 时,$1+\widetilde{\mu}_i$ 包含非零系数项 $y_1^{l_{1i}}\cdots y_r^{l_{ri}}$.

当 $i=r+1,\cdots,n$ 时,$\widetilde{\mu}_i$ 包含非零系数项 $y_1^{l_{1i}}\cdots y_r^{l_{ri}}x_{\sigma(i)}$,其中 $\sigma\in Perm(r+1,\cdots,n)$.

因而,

$$\beta_i=\begin{cases}\sum\limits_{u=1}^{r}\alpha_u l_{ui} & i=1,\cdots,r\\ \sum\limits_{u=1}^{r}\alpha_u l_{ui}+\alpha_{\sigma(i)} & i=r+1,\cdots,n\end{cases},$$

$$i.e.\ (\beta_1,\cdots,\beta_n)=(\alpha_1,\cdots,\alpha_n)M,M=\begin{pmatrix}A & B\\ 0 & \sigma\end{pmatrix},$$

其中 $A=(l_{ui})\in \mathrm{Mat}_{r\times r}(\mathbb{F}_p)$,$B\in \mathrm{Mat}_{r\times(n-r)}(\mathbb{F}_p)$,$\sigma\in Perm(r+1,\cdots,n)$.

注意到$\{\alpha_1,\cdots,\alpha_r\}$和$\{\beta_1,\cdots,\beta_r\}$都是$\mathbb{F}_p$ 线性无关的,因而,$A\in \mathrm{GL}_r(\mathbb{F}_p)$,进而 $M\in W(\mathfrak{t}_r^W)$.

接下来,定义自同构 $\varphi\in G$ 为:

$$\widetilde{\varphi}_i=\begin{cases}y_1^{l_{1i}}\cdots y_r^{l_{ri}}-1 & i=1,\cdots,r\\ y_1^{l_{1i}}\cdots y_r^{l_{ri}}x_{\sigma(i)} & i=r+1,\cdots,n\end{cases}.$$

经过计算可知

$$\varphi\begin{pmatrix}d_1^{W,r}\\ \vdots\\ d_n^{W,r}\end{pmatrix}=M^{-1}\begin{pmatrix}d_1^{W,r}\\ \vdots\\ d_n^{W,r}\end{pmatrix}.$$

作为推论,$\varphi\in N_G(\mathfrak{t}_r^W)$. 进一步,

$$\varphi\left((\beta_1,\cdots,\beta_n)\begin{pmatrix}d_1^{W,r}\\ \vdots\\ d_n^{W,r}\end{pmatrix}\right)=(\beta_1,\cdots,\beta_n)M^{-1}\begin{pmatrix}d_1^{W,r}\\ \vdots\\ d_n^{W,r}\end{pmatrix}$$

$$=(\alpha_1,\cdots,\alpha_n)\begin{pmatrix}d_1^{W,r}\\ \vdots\\ d_n^{W,r}\end{pmatrix}.$$

即存在 $\varphi\in N_G(\mathfrak{t}_r^W)$，使 $\varphi(d)=t$.

(2) $\mathfrak{g}=S(n)^{(1)}$. 类似于 $W(n)$ 的情形，同样可以构造出自同构 $\varphi\in N_G(\mathfrak{t}_r^S)$ 使 $\varphi(d)=t$. 由于证明和构造都几乎一样，此处略去不表.

(3) $\mathfrak{g}=H(2m)^{(2)}$，$s=m$. 利用公式（∗）和上面类似的讨论可知：

$$\begin{cases}1+\widetilde{\mu}_i\in A_{\beta_i} & fi=1,\cdots,r\\ \widetilde{\mu}_i\in A_{\beta_i} & fi=r+1,\cdots,m\\ \widetilde{\mu}_i\in A_{-\beta_{i'}} & fi=m+1,\cdots,2m\end{cases}.$$

由于 $\mu\in\mathrm{Aut}(H(2m)^{(2)})$ 且 $\widetilde{\mu}_i$ 都是特征向量，利用与 $W(n)$ 类似的讨论，

$$(\beta_1,\cdots,\beta_m)=(\alpha_1,\cdots,\alpha_m)M,M=\begin{pmatrix}A & B\\ 0 & C\end{pmatrix},$$

其中

$$A=\begin{pmatrix}l_{11} & \cdots & l_{1r}\\ \vdots & \ddots & \vdots\\ l_{r1} & \cdots & l_{rr}\end{pmatrix}\in\mathrm{Mat}_{r\times r}(\mathbb{F}_p),$$

$$B=\begin{pmatrix}l_{1,r+1} & \cdots & l_{1,m}\\ \vdots & \ddots & \vdots\\ l_{r,r+1} & \cdots & l_{r,m}\end{pmatrix}\in\mathrm{Mat}_{r\times(m-r)}(\mathbb{F}_p),$$

$$C=(c_{ij})\in Perm(r+1,\cdots,m)\ltimes\mathbb{Z}_2^{m-r}.$$

对所有 i,j 存在 $\sigma\in Perm(r+1,\cdots,m)$，$c_{ij}\in\{\pm\delta_{i,\sigma(j)}\}$. C 可以看作 $A(2m)$ 上的自同构，其自同构如下：

$$C(x_i)=\begin{cases}x_i & 1\leqslant i\leqslant r \text{ 或 } m+1\leqslant i\leqslant m+r\\ x_{\sigma(i)} & r+1\leqslant i\leqslant m \text{ 且} c_{\sigma(i),i}=1\\ x_{\sigma(i)+m} & r+1\leqslant i\leqslant m \text{ 且} c_{\sigma(i),i}=-1\\ x_{\sigma(i-m)+m} & m+r+1\leqslant i\leqslant 2m \text{ 且} c_{\sigma(i),i}=1\\ x_{\sigma(i-m)} & m+r+1\leqslant i\leqslant 2m \text{ 且} c_{\sigma(i),i}=-1\end{cases}.$$

注意到$\{\alpha_1,\cdots,\alpha_n\}$和$\{\beta_1,\cdots,\beta_n\}$都是$\mathbb{F}_p$线性无关的，所以，$A\in \mathrm{GL}_r(\mathbb{F}_p)$，因而$M\in W(\mathfrak{t}_r^H)$.

现假设$A^{-1}=(b_{ij})\in \mathrm{GL}_r(\mathbb{F}_p)$. 定义一个新的自同构$\varphi$如下：

$$\widetilde{\varphi}_j=\begin{cases}y_1^{l_{1j}}\cdots y_r^{l_{rj}}-1 & j=1,\cdots,r\\ y_1^{l_{1j}}\cdots y_r^{l_{rj}}C(x_j) & j=r+1,\cdots,m\\ \sum\limits_{i=1}^{r} b_{j'i}y_1^{-l_{1j'}}\cdots y_i^{-l_{ij'}+1}\cdots y_r^{l_{rj'}}x_{i'} & j=m+1,\cdots,m+r\\ y_1^{-l_{1j'}}\cdots y_r^{-l_{rj'}}C(x_j) & j=m+r+1,\cdots,2m\end{cases}.$$

根据性质 10 证明中的计算，

$$\varphi\begin{pmatrix}d_1^{H,r}\\ \vdots\\ d_m^{H,r}\end{pmatrix}=M^{-1}\begin{pmatrix}d_1^{H,r}\\ \vdots\\ d_m^{H,r}\end{pmatrix}.$$

作为推论，$\varphi\in N_G(H(2m)^{(2)})$，且

$$\varphi\left((\beta_1,\cdots,\beta_m)\begin{pmatrix}d_1^{H,r}\\ \vdots\\ d_m^{H,r}\end{pmatrix}\right)=(\beta_1,\cdots,\beta_m)M^{-1}\begin{pmatrix}d_1^{H,r}\\ \vdots\\ d_m^{H,r}\end{pmatrix}$$

$$=(\alpha_1,\cdots,\alpha_m)\begin{pmatrix}d_1^{H,r}\\ \vdots\\ d_m^{H,r}\end{pmatrix}.$$

也就是说,$\mathfrak{g}=H(2m)^{(2)}$时,存在 $\varphi\in G$ 使 $\varphi(d)=t$.

综上所述,当 $X\in\{W,S,H\}$ 时,对任意 $t\in G\cdot d\cap \mathfrak{t}_r^X$,存在 $\varphi\in N_G(\mathfrak{t}_r^X)$ 使 $\varphi(d)=t$. 定理成立.

作为推论,我们得到本书的主要定理之一,该定理刻画了 $W(n)$、$S(n)^{(1)}$ 和 $H(2m)^{(2)}$ 的半单轨道.

定理 2: 令 $\mathfrak{g}\in\{W(n),S(n)^{(1)},H(2m)^{(2)}\}$,$\mathfrak{t}_r$ 是 $\mathfrak{g}$ 的标准极大环面子代数,$0\leqslant r\leqslant s$,

$$s=\begin{cases} n & \mathfrak{g}=W(n) \\ n-1 & \mathfrak{g}=S(n)^{(1)} \\ m & \mathfrak{g}=H(2m)^{(2)} \end{cases},$$

那么如下集合是 $\mathfrak{g}$ 的半单轨道的代表元集合:

$$\{\mathfrak{t}_r^r/W(\mathfrak{g},\mathfrak{t}_r)\mid 0\leqslant r\leqslant s\}.$$

注记 22: 文献[16]提供了更精简的讨论.

4.5 W(n)的 Weyl 群

除了使用上面的方法证明,我们还可以直接计算出 $W(n)$ 的极大环面子代数的正规化子和中心化子,这也可以得到相应的 Weyl 群. 根据正规化子和中心化子的关系,我们在本节中提出了一个猜想.

为方便起见,本节的符号和前文略有不同. $W(n)$ 的标准极大环面子代数记作 $\mathfrak{t}_r$,$\mathfrak{t}_r=\sum_{i=1}^{n}\mathbb{K}z_i\partial_i$,$r=0,1,\cdots,n$. 其中 $z_i=x_i(i=1,\cdots,n-r)$,$z_i=1+x_i(i=n-r+1,\cdots,n)$. 要注意 $\mathfrak{t}_r$ 与前文的 $\mathfrak{t}_r^W$ 略有不同.

定理 3：对所有的 $r=0,\cdots,n$，有：

$$N_G(\mathfrak{t}_r)=\{\mu\in G\simeq \mathrm{Aut}(A(n))\mid \mu \text{ 具有形式}(*)\}.$$

$(*)$ 如果 $1\leqslant j\leqslant n-r$，

$$\widetilde{\mu}_j:=\mu(x_j)=a_jx_{\sigma(j)}\prod_{l=n-r+1}^{n}(1+x_l)^{m_{l,j}},$$

其中 $a_j\in\mathbb{K}^*$，$\sigma\in\mathrm{Perm}(x_1,\cdots,x_{n-r})$，$m_{l,j}\in\mathbb{F}_p$ 对所有的 $l=n-r+1,\cdots,n$ 都成立.

如果 $n-r+1\leqslant j\leqslant n$，

$$\widetilde{\mu}_j=\prod_{i=n-r+1}^{n}(1+x_i)^{m_{ij}}-1,$$

其中 $(m_{ij})_{i,j=n-r+1,\cdots,n}\in \mathrm{GL}_r(\mathbb{F}_p)$.

证明：断言 a：$N_G(\mathfrak{t}_0)=\{\sum_{j=1}^{n}a_jE_{j,\sigma(j)}\mid a_j\in\mathbb{K}^*,\sigma\in S_n\}\simeq S_n\ltimes(\mathbb{K}^*)^n$.

事实上，假设 $\mu\in G$ 使 $\Psi_\mu\in N_G(\mathfrak{t}_0)$，i. e. $\exists M\in \mathrm{GL}_n(\mathbb{K})$，使得

$$\begin{pmatrix}\Psi_\mu(x_1\partial_1)\\ \vdots\\ \Psi_\mu(x_n\partial_n)\end{pmatrix}=M^{-1}\begin{pmatrix}x_1\partial_1\\ \vdots\\ x_n\partial_n\end{pmatrix}$$

$$\Leftrightarrow\begin{pmatrix}\widetilde{\mu}_1&&\\&\ddots&\\&&\widetilde{\mu}_n\end{pmatrix}J(\mu)^{-1}\begin{pmatrix}\partial_1\\ \vdots\\ \partial_n\end{pmatrix}=M^{-1}\begin{pmatrix}x_1&&\\&\ddots&\\&&x_n\end{pmatrix}\begin{pmatrix}\partial_1\\ \vdots\\ \partial_n\end{pmatrix}$$

$$\Leftrightarrow\begin{pmatrix}\widetilde{\mu}_1&&\\&\ddots&\\&&\widetilde{\mu}_n\end{pmatrix}J(\mu)^{-1}=M^{-1}\begin{pmatrix}x_1&&\\&\ddots&\\&&x_n\end{pmatrix}$$

$$\Leftrightarrow M\begin{pmatrix}\widetilde{\mu}_1&&\\&\ddots&\\&&\widetilde{\mu}_n\end{pmatrix}=\begin{pmatrix}x_1&&\\&\ddots&\\&&x_n\end{pmatrix}J(\mu)$$

$$\Leftrightarrow m_{ij}\widetilde{\mu}_j=x_i\partial_i\widetilde{\mu}_j,\ \forall i,j=1,\cdots,n. \qquad (\#)$$

对固定的 i,j,假设 $\widetilde{\mu}_j=\sum_{s=0}^{p-1}f_s^{(j)}x_i^s$, 其中 $f_s^{(j)}\in A[x_1,\cdots,\hat{x}_i,\cdots,x_n]$,有

$$x_i\partial_i(\widetilde{\mu}_j)=\sum_{s=1}^{p-1}sf_s^{(j)}x_i^s.$$

因而,由(#)可知,对固定的 i,j,

$$(m_{ij}-s)f_s^{(j)}=0,\text{对任意 } s=0,\cdots,p-1.$$

注意到 $\widetilde{\mu}_j\neq 0$,必然存在 s' 使 $f_{s'}^{(j)}\neq 0$,此时必有 $m_{ij}=s'$. 进一步有

$$\widetilde{\mu}_j=f_{s'}^{(j)}x_i^{s'}.$$

对其他的 $i'\neq i$,

$$m_{i'j}\widetilde{\mu}_j=x_{i'}\partial_{i'}\widetilde{\mu}_j$$

$$\Leftrightarrow m_{i'j}f_{s'}^{(j)}x_i^{s'}=x_{i'}\partial_{i'}(f_{s'}^{(j)})x_i^{s'}$$

$$\Leftrightarrow m_{i'j}f_{s'}^{(j)}=x_{i'}\partial_{i'}(f_{s'}^{(j)}).$$

上面的讨论对上式依然成立,因此,$f_{s'}^{(j)}$ 关于变量 $x_{i'}$ 只有一项.

当 i 跑遍 $1,\cdots,n$,由上述讨论可知 $\widetilde{\mu}_j=a_jX^{\underline{c}(j)}$ 是 $A(n)$ 中的单项式.

以下两条可以由 μ 的性质得到:

(1) $J(\mu)$ 可逆.

(2) 对任何 i,只要 $\deg(\widetilde{\mu}_j)=|\underline{c}(j)|\geqslant 2$,$\partial_i\widetilde{\mu}_j$ 就是幂零的.

从而必有 $\deg(\widetilde{\mu}_j)=|\underline{c}(j)|=1$,也就是说,$\widetilde{\mu}_j=a_jx_{\sigma(j)}$,其中 $a_j\in\mathbb{K}^*$,$\sigma\in S_n$.

反过来,如果 $\mu(x_j)=a_jx_{\sigma(j)}$,$j=1,\cdots,n$,其中 $\sigma\in S_n$,那么有

$$\partial_i(a_jx_{\sigma(j)})=a_j\delta_{i,\sigma(j)},\ \forall i=1,\cdots,n,$$

$$J(\mu)=\sum_{j=1}^{n}a_jE_{\sigma(j),j},$$

$$\det(J(\mu))=(-1)^{sgn(\sigma)}\prod_{j=1}^{n}a_j\in\mathbb{K}^*,$$

$$J(\mu)^{-1}=\sum_{j=1}^{n}a_j^{-1}E_{j,\sigma(j)},$$

$$\Psi_\mu(\partial_j)=a_j^{-1}\partial_{\sigma(j)},j=1,\cdots,n.$$

因此，$\Psi_\mu(x_j\partial_j)=x_{\sigma(j)}\partial_{\sigma(j)}$，$\Psi_\mu(\mathfrak{t}_0)=\mathfrak{t}_0$，断言 a 成立.

断言 b：$N_G(\mathfrak{t}_n)=\{\Psi_\mu \mid \widetilde{\mu}_j=\prod_{i=1}^n(1+x_i)^{m_{ij}}-1,(m_{ij})_{n\times n}\in GL_n(\mathbb{F}_p)\}$.

假设 $\mu\in G$ 使 $\Psi_\mu\in N_G(\mathfrak{t}_n)$，i. e. $\exists M\in GL_n(\mathbb{K})$，使得

$$\begin{pmatrix}\Psi_\mu((1+x_1)\partial_1)\\ \vdots \\ \Psi_\mu((1+x_n)\partial_n)\end{pmatrix}=M^{-1}\begin{pmatrix}(1+x_1)\partial_1\\ \vdots \\ (1+x_n)\partial_n\end{pmatrix}.$$

类似于断言 a，它等价于

$$m_{ij}(1+\widetilde{\mu}_j)=(1+x_i)\partial_i\widetilde{\mu}_j.$$

假设 $\widetilde{\mu}_j=f_0+f_1x_i+\cdots+f_{p-1}x_i^{p-1}$，其中 $f_i\in A[x_1,\cdots,\hat{x}_i,\cdots,x_n]$. 我们可以通过以下步骤解出这些 f_i：

(1) $f_s=\binom{m_{ij}}{s}(1+f_0)$，其中 $\binom{m_{ij}}{s}=\dfrac{m_{ij}\cdots(m_{ij}-s+1)}{s!}$.

(2) $\dfrac{m_{ij}\cdots(m_{ij}-(p-1))}{(p-1)!}(1+f_0)=0$ 对所有的 $i,j=1,\cdots,n$.

(3) $m_{ij}\cdots(m_{ij}-(p-1))=0$，从而 $m_{ij}\in\mathbb{F}_p$.

(4) $\widetilde{\mu}_j=f_0+\binom{m_{ij}}{1}(1+f_0)x_i+\cdots=(1+f_0)(1+x_i)^{m_{ij}}-1$.

注意到，对其他 $l\neq i$，$m_{lj}(1+\widetilde{\mu}_j)=(1+x_l)\partial_l\widetilde{\mu}_j$ 推出下式：

$$m_{lj}(1+f_0)(1+x_i)^{m_{ij}}=(1+x_l)(\partial_lf_0)(1+x_i)^{m_{ij}}$$
$$\Rightarrow m_{lj}(1+f_0)=(1+x_l)(\partial_lf_0).$$

因此，上述论证在 f_0 上依然成立，从而断言 b 成立.

断言 c：$N_G(\mathfrak{t}_r)=\{\mu\in G \mid \mu \text{ 满足条件}(*)\}$.

假设 $\mu\in G$ 使得 $\Psi_\mu\in N_G(\mathfrak{t}_r)$，i. e. $\exists \mathrm{M}\in GL_n(\mathbb{K})$，有

$$\begin{pmatrix} \Psi_\mu(x_1\partial_1) \\ \vdots \\ \Psi_\mu(x_{n-r}\partial_n) \\ \Psi_\mu((1+x_{n-r+1})\partial_1) \\ \vdots \\ \Psi_\mu((1+x_n)\partial_n) \end{pmatrix} = M^{-1} \begin{pmatrix} (x_1\partial_1) \\ \vdots \\ (x_{n-r}\partial_n) \\ ((1+x_{n-r+1})\partial_1) \\ \vdots \\ ((1+x_n)\partial_n) \end{pmatrix}.$$

类似于断言 a,它等价于下式:

(1) $1\leqslant i,j\leqslant n-r, m_{ij}\ \tilde{\mu}_j = x_i\partial_i\tilde{\mu}_j$.

(2) $i<n-r+1\leqslant j\leqslant n, m_{ij}(1+\tilde{\mu}_j) = x_i\partial_i\tilde{\mu}_j$.

(3) $j<n-r+1\leqslant i\leqslant n, m_{ij}\ \tilde{\mu}_j = (1+x_i)\partial_i\tilde{\mu}_j$.

(4) $n-r+1\leqslant i,j\leqslant n, m_{ij}(1+\tilde{\mu}_j) = (1+x_i)\partial_i\tilde{\mu}_j$.

如果 $1\leqslant j\leqslant n-r$,运用与断言 b 中的论证相同的方法,由(1)可以推出:

$$\tilde{\mu}_j = f_0\prod_{l=n-r+1}^{n}(1+x_l)^{m_{l,j}},$$

其中 $f_0\in A[x_1,\cdots,x_{n-r}], m_{l,j}\in\mathbb{F}_p$.

根据断言 c 中的(1),对 $1\leqslant i\leqslant n-r$,

$$m_{ij}f_0\prod_{l=n-r+1}^{n}(1+x_l)^{m_{l,j}} = x_i(\partial_i f_0)\prod_{l=n-r+1}^{n}(1+x_l)^{m_{l,j}}.$$

由于 $\prod_{l=n-r+1}^{n}(1+x_l)^{m_{l,j}}$ 可逆,$m_{ij}f_0 = x_i(\partial_i f_0)$,因此,$f_0 = a_jx_{\sigma(j)}$,其中 $a_j\in\mathbb{K}^*$,$\sigma\in S(x_1,\cdots,x_{n-r})\simeq S_{n-r}$.

如果 $n-r<j\leqslant n$,在断言 c 中的(2)两边取 p 次幂,我们有 $m_{ij}^p=0$. 因此,$m_{ij}=0$ 且

$$x_i\partial_i\tilde{\mu}_j = 0, i=1,\cdots,n-r.$$

进而,$\tilde{\mu}_j\in\mathbb{K}[x_{n-r+1},\cdots,x_n]/(x_{n-r+1}^p,\cdots,x_n^p)$. 根据断言 c 中的(4),有

$$m_{ij}(1+\tilde{\mu}_j) = (1+x_i)\partial_i\tilde{\mu}_j, i=n-r+1,\cdots,n.$$

因此有

$$\widetilde{\mu}_j=\prod_{i=n-r+1}^{n}(1+x_i)^{m_{ij}}-1,(m_{ij})_{r\times r}\in \mathrm{GL}_r(\mathbb{F}_p).$$

断言 c 成立.

下面的几何结构可以直接计算得到：

推论 6：假设 $\mathfrak{t}$ 是 $W(n)$ 的极大环面子代数，

$$C_G(\mathfrak{t})=N_G(\mathfrak{t})^{\circ}\simeq(\mathbb{K}^*)^r,$$

其中 $r=\dim(\mathfrak{t}\cap W(n)_{\geqslant 0})$.

受上述推论的启发，我们做出如下猜想：

猜想 1：令 $(\mathfrak{g},[p])$ 是限制李代数，$G=\mathrm{Aut}_p(\mathfrak{g})$ 是其限制自同构群，$\mathfrak{h}\subseteq\mathfrak{g}$ 是一个极大环面子代数，那么 $N_G(\mathfrak{t})^{\circ}=C_G(\mathfrak{t})$.

推论 7：$W(\mathfrak{t}_0)\simeq S_n$.

推论 8：$W(\mathfrak{t}_n)\simeq \mathrm{GL}(n,\mathbb{F}_p)$ 作为群同构.

注记 23：在文献[72]中，Premet 用不同方法得到 $N_G(\mathfrak{t}_n)\simeq \mathrm{GL}(n;\mathbb{F}_p)$.

引理 17：对 $r=0,\cdots,n$，

$$W(\mathfrak{t}_r)\simeq\left\{\begin{pmatrix}\sigma & 0\\ B & C\end{pmatrix}\in \mathrm{GL}(n,\mathbb{F}_p)\ \middle|\ \sigma\in S_{n-r},B\in \mathrm{Mat}_{r\times(n-r)}(\mathbb{F}_p),C\in \mathrm{GL}(r,\mathbb{F}_p)\right\}.$$

其中 $S_{n-r}=Perm(x_1,\cdots,x_{n-r})$ 被看作是 $\mathrm{GL}(n-r,\mathbb{F}_p)$ 的一个子群.

总结起来，定理 4 成立.

定理 4：对任意 $r=0,\cdots,n$，我们有

$$N_G(\mathfrak{t}_r)=\left\{\begin{pmatrix}a\sigma & 0\\ (\widetilde{m}_{ij}) & (m_{il})\end{pmatrix}\right\},$$

其中 $a\in(\mathbb{K}^*)^{(n-r)}$，$\sigma\in S_{n-r}$，$(\widetilde{m}_{ij})$ 和 (m_{il}) 是合适大小的矩阵，其群乘法如下：

$$\begin{pmatrix}b\tau & 0\\ (\widetilde{n}_{ij}) & (n_{il})\end{pmatrix}\begin{pmatrix}a\sigma & 0\\ (\widetilde{m}_{ij}) & (m_{il})\end{pmatrix}=\begin{pmatrix}ab\tau\sigma & 0\\ (\widetilde{n}_{i\sigma(j)})+(n_{il})(\widetilde{m}_{ij}) & (n_{il})(m_{il})\end{pmatrix}.$$

进一步地，中心化子为 $C_G(\mathrm{t}_r)=N_G(\mathrm{t}_r)^o\simeq(\mathbb{K}^*)^{n-r}$，$\mathrm{t}_r$ 对应的 Weyl 群是

$$W(\mathrm{t}_r)=N_G(\mathrm{t}_r)/C_G(\mathrm{t}_r)\cong S_{n-r}\times \mathrm{GL}_r(\mathbb{F}_p)\ltimes M_{r,n-r}(\mathbb{F}_p),$$

其中 S_{n-r} 在 $M_{r,n-r}(\mathbb{F}_p)$ 上的作用是第二个指标上的置换，$\mathrm{GL}_r(\mathbb{F}_p)$ 在 $M_{r,n-r}(\mathbb{F}_p)$ 上的作用是矩阵的左乘. 特别地，$W(\mathrm{t}_0)=S_n$ 也是 GL_n 的 Weyl 群，$W(\mathrm{t}_n)=\mathrm{GL}_n(\mathbb{F}_p)$.

推论 9：$W(\mathrm{t}_r)$ 是阶为 $(n-r)!\ p^{r(n-r)}\prod_{i=0}^{r-1}(p^r-p^i)$ 的有限群.

证明：用 $\mathrm{ord}(H)$ 表示有限群 H 的阶. 可以直接计算得到

$$\mathrm{ord}(S_{n-r})=(n-r)!,$$

$$\mathrm{ord}(\mathrm{Mat}_{r\times(n-r)(\mathbb{F}_p)})=p^{r(n-r)},$$

$$\mathrm{ord}(\mathrm{GL}(r,\mathbb{F}_p))=\prod_{i=0}^{r-1}(p^r-p^i).$$

引理 17 成立.

第 5 章　$W(n)$的 B-子代数及其共轭类

在文献[85]中,舒斌定义了 $W(n)$的齐次 Borel 子代数,并给出了 $\mathrm{Aut}(W(n))$作用下的共轭类及其代表元.本章将给出 $W(n)$的 B-子代数定义,并给出 B-子代数的共轭类,同时会探讨它们的代数结构和主要性质.事实上,我们发现 B-子代数拥有较好的表示性质和滤过结构等.

5.1　B-子代数的定义

若 L 是$\mathbb{K}$上的李代数,定义

$$L^{[n+1]}:=[L,L^{[n]}],L^{[0]}:=L,n\geqslant 0;$$

$$L^{(n+1)}:=[L^{(n)},L^{(n)}],L^{[0]}:=L,n\geqslant 0.$$

因此,$L^{[1]}=L^{(1)}$是 L 的导子代数.

如果 $L^{[n]}=0$,则称 L 为幂零;如果 $L^{(n)}=0$,则称 L 为可解.

定义 16:如果$[\mathfrak{b},\mathfrak{b}]$是幂零的,则称李代数 $\mathfrak{b}$ 为完全可解的[103].

定义 17:李代数 $\mathfrak{b}$ 的子代数$\mathfrak{s}$称为可在 $\mathfrak{b}$ 上三角化,如果

$$\mathrm{ad}_{\mathfrak{b}}\,\mathfrak{s}=\{\mathrm{ad}_{\mathfrak{b}}(x)\mid x\in\mathfrak{s}\}$$

是 $\mathfrak{b}$ 的线性变换构成的李代数且在$\mathbb{K}$上可三角化.这等价于$\mathfrak{s}^{[1]}$的每个元素都在 $\mathfrak{b}$ 上是幂零作用的(参考[12],定理 2.2).如果 $\mathfrak{b}$ 在它自身上可三角化,我们称 $\mathfrak{b}$ 是可三角化的.

可三角化的李代数显然是完全可解的,反之一般不成立.然而,我们有下列引理:

引理 18:令$(\mathfrak{b},[p])$是一个有限维的完全可解的限制李代数,使 $C(\mathfrak{b})^{[p]}=0$,其中 $C(\mathfrak{b})$是 $\mathfrak{b}$ 的中心.如下结论成立:

(1)如果 $\mathfrak{t}$ 是一个极大环面子代数,那么 $\mathfrak{b}=\mathfrak{t}\oplus\mathrm{rad}_p(\mathfrak{b})$.

(2)$\mathfrak{b}$ 的任何不可约限制表示都是一维的.

(3)$\mathfrak{b}$ 是可三角化的.

证明:引理 18 中的(1)和(2)参考[103]引理 8.6.

根据(1),$\mathfrak{b}^{[1]}\subseteq\mathrm{rad}_p(\mathfrak{b})$.因此,每一个$\mathfrak{b}^{[1]}$的元素在 $\mathfrak{b}$ 上的作用都是幂零的.结论(3)成立.

注记 24:对任何限制李代数 $\mathfrak{b}$,总存在使 $C(\mathfrak{b})^{[p]}=0$ 成立的 p-映射(参考[102]第 2 章的推论 2.2).

注记 25:典型李代数的可解子代数必然都是完全可解的,但这个结论在 Cartan 型李代数中一般不成立.反例如下:

例 3:在素特征的域上定义的李代数中,存在可解但不是完全可解的子代数.

令 $\mathfrak{l}\subseteq W(2)$是任意域上由下列的基线性张成的线性子空间:

$$S:=\{\partial_1,x_1\partial_1,\partial_2,x_1\partial_2,\cdots,x_1^{p-1}\partial_2,x_2\partial_2,x_1x_2\partial_2,\cdots,x_1^{p-1}x_2\partial_2\}.$$

容易验证知 $\mathfrak{l}$ 是 $W(2)$的子代数.我们得到如下的一系列结果:

(1)$\mathfrak{l}^{[1]}=\mathfrak{l}^{(1)}$由$\{\partial_1,\widehat{x_1\partial_1},\partial_2,x_1\partial_2,\cdots,x_1^{p-1}\partial_2,x_2\partial_2,\cdots,x_1^{p-1}x_2\partial_2\}$线性张成.

事实上，如果 $D\in S\backslash\{x_1\partial_1, x_2\partial_2\}$，那么$[x_1\partial_1, D]$或者$[x_2\partial_2, D]$会得到 D 的纯量倍，$[\partial_1, x_1x_2\partial_2]=x_2\partial_2$，但是得不到 $x_1\partial_1$.

(2)类似计算可知，$\mathfrak{l}^{(2)}$落在由 $S\backslash\{x_1\partial_1, x_2\partial_2\}$张成的线性空间里面，后者实际是 $\mathfrak{l}$ 的幂零根基. 所以$\mathfrak{l}^{(2)}$是幂零的.

因此，$\mathfrak{l}$ 是 $W(2)$的可解子代数. 事实上，文献[85]证明了更一般的情形.

(3)$\partial_2\in(\mathfrak{l}^{[1]})^{[n]}$，对任意 $n\geqslant 0$. 因此，$\mathfrak{l}^{[1]}$不是幂零的，$\mathfrak{l}$ 不是完全可解的.

事实上，由式$[x_2\partial_2, \partial_2]=-\partial_2$ 可知，当 $\partial_2\in(\mathfrak{l}^{[1]})^{[n-1]}$时，$\partial_2\in(\mathfrak{l}^{[1]})^{[n]}$.

(4)以上步骤证明 $\mathfrak{l}$ 可解但不是完全可解.

$A(n)$可以实现为商代数$\mathbb{K}[T_1,\cdots,T_n]/(T_1^p-1,\cdots,T_n^p-1)$，把 T_i 在商代数的像记为 y_i，显然有 $y_i=1+x_i$，$i=1,\cdots,n$.

接下来，我们固定 $r=0,\cdots,n$，$A(n)$可以表为截头多项式

$$\mathbb{K}[z_1,\cdots,z_n],$$

其中生成元为

$$z_i=\begin{cases} x_i, 1\leqslant i<n-r \\ x_i+1, n-r+1\leqslant i<n \end{cases},$$

生成关系为

$$[x_i, x_{i'}]=[y_i, y_{i'}]=[x_i, y_j]=x_i^p=y_j^p-1=0,\ \forall\, 1\leqslant i,j\leqslant n.$$

进一步，

$$W(n)=\sum_i^n\sum_{\underline{a}(i)\in I^n}\mathbb{K}Z^{\underline{a}(i)}\partial_i,$$

其中当 $\underline{a}(i)=(a_{i1},\cdots,a_{in})$时，$Z^{\underline{a}(i)}=z_1^{a_{i1}}\cdots z_n^{a_{in}}$. 因而有如下的空间分解，称为$\mathbb{Z}(\mathrm{t}_r)$-阶化：

$$W(n)=\bigoplus_s W(n)_s^{(\mathrm{t}_r)},$$

$$W(n)_s^{(\mathrm{t}_r)}=\langle Z^{\underline{a}(i)}\partial_i \mid |\underline{a}(i)|=s+1, i=1,\cdots,n\rangle.$$

事实上,每一个齐次空间 $W(n)_s^{(\mathfrak{t}_r)}$ 都是一个$\mathfrak{t}_r$-模. 特别地,$\mathbb{Z}(\mathfrak{t}_0)$-阶化结构和 $W(n)$的标准阶化结构重合,即 $W(n)_{[s]}=W(n)_s^{(\mathfrak{t}_0)}$, $\forall s$.

一个子代数 $\mathfrak{h}$ 被称为$\mathbb{Z}(\mathfrak{t}_r)$-阶化的,如果 $\mathfrak{h}=\oplus_i \mathfrak{h}_i^{(\mathfrak{t}_r)}$,其中

$$\mathfrak{h}_i^{(\mathfrak{t}_r)}=\mathfrak{h}\cap W(n)_s^{(\mathfrak{t}_r)}.$$

其伴随的滤过结构定义为$\mathfrak{h}_{(i)}^{(\mathfrak{t}_r)}:=\sum_{j\geq i}\mathfrak{h}_j^{(\mathfrak{t}_r)}$.

引理 19: 如果 $\mathfrak{h}$ 是一个 $W(n)$ 的$\mathbb{Z}(\mathfrak{t}_r)$-阶化子代数满足$\mathfrak{t}_r\subseteq\mathfrak{h}$,那么

$$\mathfrak{h}_s^{(\mathfrak{t}_r)}=\bigoplus_{\substack{\alpha\in I^n\\ |\alpha|=s+1}}\mathfrak{h}_\alpha^{(\mathfrak{t}_r)},$$

其中 $\alpha=(\alpha_1,\cdots,\alpha_n)\in I^n$, $\mathfrak{h}_\alpha^{(\mathfrak{t}_r)}=\{v\in\mathfrak{h}_s^{(\mathfrak{t}_r)}\mid \mathrm{ad}(z_i\partial_i)(v)=\alpha_i v, i=1,\cdots,n\}$.

证明: 由于$\mathfrak{t}_r\subseteq\mathfrak{h}$ 且$\mathfrak{h}_s^{(\mathfrak{t}_r)}=\mathfrak{h}\cap W(n)_s^{(\mathfrak{t}_r)}$ 是一个$\mathfrak{t}_r$-模,引理成立.

注记 26: 对某些 $r=0,\cdots,n$,存在子代数虽然包含$\mathfrak{t}_r$ 但不是$\mathbb{Z}(\mathfrak{t}_r)$阶化的. 比如,$\mathfrak{h}:=\langle x_1\partial_1,x_2\partial_2,\partial_1+x_1^{p-1}x_2\partial_2\rangle$是 $W(2)$的子代数,包含$\mathfrak{t}_0$ 但不是$\mathbb{Z}(\mathfrak{t}_0)$-阶化的.

引理 20: 如果$\mathfrak{t}_s,\mathfrak{t}_r\subseteq\mathfrak{h}(s<r)$,且 $\mathfrak{h}$ 是$\mathbb{Z}(\mathfrak{t}_r)$-阶化的,那么 $\mathfrak{h}$ 是$\mathbb{Z}(\mathfrak{t}_s)$-阶化的.

证明: 由条件知,$\{\partial_{n-r+1},\cdots,\partial_n\}\subseteq\mathfrak{h}$. 注意到

$$W(n)_{-1}^{(\mathfrak{t}_r)}=W(n)_{-1}^{(\mathfrak{t}_s)}=\langle\partial_1,\cdots,\partial_n\rangle.$$

因此,

$$\mathfrak{h}_{-1}^{(\mathfrak{t}_r)}=\mathfrak{h}_{-1}^{(\mathfrak{t}_s)},\mathfrak{h}_0^{(\mathfrak{t}_r)}\subseteq\mathfrak{h}_{-1}^{(\mathfrak{t}_s)}\oplus\mathfrak{h}_0^{(\mathfrak{t}_s)}.$$

由数学归纳法可知$\mathfrak{h}_i^{(\mathfrak{t}_r)}\subseteq\oplus_{j=-1}^{i}\mathfrak{h}_j^{(\mathfrak{t}_s)}$, $\forall i$. 进而

$$\mathfrak{h}=\oplus_i\mathfrak{h}_i^{(\mathfrak{t}_r)}\subseteq\oplus_j\mathfrak{h}_j^{(\mathfrak{t}_s)}\subseteq\mathfrak{h}.$$

即 $\mathfrak{h}$ 是$\mathbb{Z}(\mathfrak{t}_s)$-阶化的.

定义 18: $W(n)$的一个极大可三角化子代数 $\mathfrak{b}$ 称为 B-子代数,如果 $\mathfrak{b}$ 包含 $W(n)$的一个极大环面子代数 $\mathfrak{t}$,同时满足:

若存在 $\varphi\in G, r=0,\cdots,n$ 使得 $\varphi\cdot\mathfrak{t}=\mathfrak{t}_r$,那么 $\varphi\cdot\mathfrak{b}$ 是$\mathbb{Z}(\mathfrak{t}_r)$-阶化的.

注记 27: $W(n)$的 B-子代数一定是完全可解的.

引理 21：若 $\mathfrak{b}$ 是 $W(n)$ 中具有平凡中心的极大完全可解子代数，那么 $\mathfrak{b}$ 是极大可三角化的.

证明：由引理 18(3)可知，$\mathfrak{b}$ 是可三角化的. 如果 $\mathfrak{l}$ 是一个真包含 $\mathfrak{b}$ 的可三角化子代数，那么 $\mathfrak{l}$ 也是一个真包含 $\mathfrak{b}$ 的完全可解子代数，矛盾.

任何 I^n 的序结构将诱导出 $\{x^{\underline{a}} \mid \underline{a} \in I^n\}$ 的一个序结构. 更精确地说，对任意 $\underline{a}, \underline{b} \in I^n$，如果 $\underline{a}<\underline{b}$，那么有 $x^{\underline{a}}<x^{\underline{b}}$. 由单项序(monomial order)的基本理论知，伴随着 $\{\epsilon_1, \cdots, \epsilon_n\}$ 的一个序结构，可以在 I^n 上定义相应的字典序和阶化字典序(参考[21]第 2 章的定义 3 和定义 5). 记 I^n 上伴随 $\epsilon_1<\cdots<\epsilon_n$ 的字典序为 $<_{\mathrm{lex}}$，I^n 上伴随 $\epsilon_n<\cdots<\epsilon_1$ 的反阶化字典序为 $<_{\mathrm{iglex}}$.①

定义 19：对任意 $q=0, \cdots, n$，及 $\underline{a}, \underline{b} \in I^n$，定义 $\underline{a}<_q \underline{b}$，如果

$$(a_1, \cdots, a_{n-q})<_{\mathrm{iglex}}(b_1, \cdots, b_{n-q})$$

或

$$(a_1, \cdots, a_{n-q})=(b_1, \cdots, b_{n-q}) \text{ 且 } (a_{n-q+1}, \cdots, a_n)<_{\mathrm{lex}}(b_{n-q+1}, \cdots, b_n).$$

定义 20：定义 $W(n)$ 的子空间如下：

$$\mathfrak{b}_q=\langle X^{\underline{a}} \mid 1 \leqslant i \leqslant n, \underline{a} \leqslant_q \epsilon_i\rangle.$$

直接计算可知：

- $\mathfrak{b}_0=\mathfrak{b} \oplus W(n)_{\geqslant 1}$，其中 $\mathfrak{b}$ 是 $W(n)_0 \simeq \mathfrak{gl}(n)$ 的标准 Borel 子代数(全体上三角矩阵).

- $\mathfrak{b}_n=\mathfrak{t}_0 \oplus \mathfrak{c}_n$，其中

$$\mathfrak{c}_n=\langle X^{\underline{a}(i)} \partial_i \mid \underline{a}(i)=(a_1, a_2, \cdots, a_{i-1}, 0, \cdots, 0),$$
$$a_j \in I, j=1, \cdots, i-1\rangle.$$

- 对一般的 $r=1,2, \cdots, n-1$，令

$$\mathfrak{b}_r=\mathfrak{b}_0(x_1, \cdots, x_{n-r}) \oplus \mathfrak{q}_r \oplus \mathfrak{b}_r(x_{n-r+1}, \cdots, x_n)=\mathfrak{t}_0 \oplus \mathfrak{c}_r,$$

---

① 注意到，$\epsilon_1<_* \cdots<_* \epsilon_n$，对 $* \in \{\mathrm{lex}, \mathrm{iglex}\}$ 成立. 对任意 $\underline{a} \in In \setminus \{0\}$，我们有 $\underline{a}<\mathrm{iglex}^0$ 和 $\underline{a}>\mathrm{lex}^0$.

$$\mathfrak{q}_r=\langle u^{\underline{a}(i)}\omega^{\underline{b}(i)}\partial_i \mid \underline{a}(i),\underline{b}(i),i)\in\Gamma_1\cap\Gamma_2\rangle,$$

$$\mathfrak{c}_r=\langle u^{\underline{a}(i)}\omega^{\underline{b}(i)}\partial_i \mid \underline{a}(i),\underline{b}(i),i)\in\Lambda_1\cap\Lambda_2\rangle,$$

其中

$$(\underline{a}(i),\underline{b}(i),i):=(a_1,\cdots,a_{n-r},b_1,\cdots,b_r,i)\in I^{n-r}\times I^r\times\{1,\cdots,n\},$$

$$\Gamma_1=\{(\underline{a}(i),\underline{b}(i),i)\mid 1\leqslant i\leqslant n-r,\ |\underline{b}(i)|>0,\ |\underline{a}(i)|>1\text{ 或者 }|\underline{a}(i)|=1=a_1+\cdots+a_{i-1}\},$$

$$\Gamma_2=\{(\underline{a}(i),\underline{b}(i),i)\mid n-r+1\leqslant i\leqslant n,\ |\underline{a}(i)|>0\},$$

$$\Lambda_1=\{(\underline{a}(i),\underline{b}(i),i)\mid 1\leqslant i\leqslant n-r,\ |\underline{a}(i)|>1\text{ 或者 }|\underline{a}(i)|=1=\sum_{k=1}^{i-1}a_k\},$$

$$\Lambda_2=\{(\underline{a}(i),\underline{b}(i),i)\mid \text{当}\underline{a}(i)=0\text{ 时},n-r+1\leqslant i\leqslant n,\underline{b}(i)=(\cdots,b_{i-n+r-1},0,\cdots)\}.$$

注记 28： 对于 $r=1,\cdots,n$，$\mathfrak{b}_r\neq B_r$ 但是 $\mathfrak{b}_0=B_0$，其中 B_r 是[65]中定义的齐次 Borel 子代数.

引理 22： 对任意 $r=0,\cdots,n$，$C(\mathfrak{b}_r)=\{0\}$.

证明： 因为：$\mathfrak{t}_0\subseteq\mathfrak{b}_r$，所以 $C(\mathfrak{b}_r)\subseteq\{y\in\mathfrak{b}_r\mid[x,y]=0,\forall x\in\mathfrak{t}_0\}=\mathfrak{t}_0$. 同时，

$$\mathfrak{b}_+:=\langle x_i\partial_j\mid 1\leqslant i\leqslant j\leqslant n\rangle\subseteq\mathfrak{b}_r.$$

由此可知，$\mathfrak{t}_0\cap C(\mathfrak{b}_r)\subseteq\langle I=\sum_{i=1}^{n}x_i\partial_i\rangle$. 由定义可知，$x_1^2\partial_2\in\mathfrak{b}_r$，$[I,x_1^2\partial_2]=x_1^2\partial_2$.

引理 23： $\mathfrak{b}_0$ 是极大完全可解子代数.

证明： 因为 $\mathfrak{b}_0=\mathfrak{b}_+\ltimes W(n)_{(1)}$，因此 $\mathfrak{b}_0$ 是可三角化的，也是完全可解的.

假设 $\mathfrak{a}$ 是包含 $\mathfrak{b}_0$ 作为真子集，且 $0\neq D\in\mathfrak{a}\backslash\mathfrak{b}_0$. 根据 $\mathfrak{t}_0$-作用，我们可以假设或者 $D=\partial_l(l=1,\cdots,n)$ 或者 $D=x_s\partial_t(1\leqslant t<s\leqslant n)$.

如果 $D=\partial_l$，那么 $\mathfrak{a}$ 中存在半单子代数 $\langle\partial_l,x_l\partial_l,x_l^2\partial_l\rangle$.

如果 $D=x_s\partial_t$，那么 $\mathfrak{a}$ 中存在半单子代数 $\langle x_s\partial_t,x_t\partial_s,x_t\partial_t-x_s\partial_s\rangle$.

因此，$\mathfrak{a}$ 是极大完全可解的.

引理 24： $\mathfrak{b}_n$ 是极大完全可解子代数.

证明： 根据定义，$\mathfrak{b}_n$ 包含极大环面子代数 $\mathfrak{t}_0$，其完全可解性可以由下面的两个断言得到：

断言1:$\mathfrak{b}_n^{[1]}=\mathfrak{c}_n$.

断言2:$\mathfrak{c}_n$ 幂零.

断言1的证明:容易证明$\mathfrak{c}_n$ 是$\mathfrak{t}_0$-模.

对任意 $X^{\underline{a}(i)}\partial_i, X^{\underline{b}(i)}\partial_j\in\mathfrak{b}_n$,那么

$$\underline{a}(i)=(a_1,a_2,\cdots,a_{i-1},0,\cdots,0),\underline{b}(j)=(b_1,b_2,\cdots,b_{j-1},0,\cdots,0).$$

当 $i<j$ 时,$[X^{\underline{a}(i)}\partial_i, X^{\underline{b}(i)}\partial_j]=X^{\underline{c}(i)}\partial_j$,其中

$$\underline{c}(j)=(a_1+b_1,a_2+b_2,\cdots,a_{i-1}+b_{i-1},b_i-1,b_{i+1},\cdots,b_{j-1},0,\cdots,0).$$

当 $i=j$ 时,$[X^{\underline{a}(i)}\partial_i, X^{\underline{b}(j)}\partial_j]=0$.

因此,$\mathfrak{c}_n$ 是 $W(n)$的李子代数,进而断言1成立.

断言2的证明:根据上述计算的结果得到

$$\mathfrak{c}_n^{[1]}\subseteq\langle X^{\underline{a}(i)}\partial_i\in\mathfrak{c}_n\mid\underline{a}(i)\neq(p-1,p-1,\cdots,p-1,0)\rangle,$$

$$\mathfrak{c}_n^{[p]}\subseteq\langle X^{\underline{a}(i)}\partial_i\in\mathfrak{c}_n\mid\underline{a}(i)\neq(a_1,p-1,\cdots,p-1,0),a_1\in\mathbb{F}_p\rangle,$$

$$\mathfrak{c}_n^{[p^s]}\subseteq\langle(X^{\underline{a}(i)}\partial_i\in\mathfrak{c}_n\mid\underline{a}(i)\neq(a_1,\cdots,a_s,p-1,\cdots,p-1,0),a_1,\cdots,a_s\in I\rangle,$$

$$\forall s=1,\cdots,n-1.$$

因此,$\mathfrak{c}_n^{[p^{n-1}]}=0$,断言2成立.

$\mathfrak{b}_n$ 的极大性: $\forall D\notin\mathfrak{b}_n$,记 A_n 是由$\mathfrak{b}_n$ 和 D 生成的李子代数. 经过一系列$\langle\partial_1,\cdots,\partial_n\rangle\oplus\mathfrak{t}_0$ 的共轭作用后,必存在一个元素 $X^{\underline{a}(l)}\partial_l\in A_n\setminus\mathfrak{b}_n$,其中 $\underline{a}(l)=(\underline{a}(l)_1,\cdots,\underline{a}(l)_n)$,$\underline{a}(l)_s\neq0$ 对某个 $s\geqslant l$ 成立.

事实上,如果 $D=\sum D_i$,其中 $D_i\in W(n)_{[i]}$,经过一系列$\mathfrak{t}_0$-作用后,$D_i\in A_n$. 因而,必然存在 $E:=D_i=\sum_{l=1}^{n}f_l\partial_l\notin\mathfrak{b}_n$,其中所有的$f_l$ 都是 $i+1$ 阶齐次元.

进一步地,经过恰当的 ∂_j 作用后,可以假设 $E=X^{\underline{a}(l)}\partial_l\in A_n\setminus\mathfrak{b}_n$.

(1)如果 $\underline{a}(l)_s\neq0$ 对某个 $s>l$ 成立,我们有 $x_s\partial_l\in A_n$,因此半单子代数$\langle x_s\partial_l, x_l\partial_s, x_l\partial_l-x_s\partial_s\rangle$会出现在 A_n 中.

(2)如果 $\underline{a}(l)_s=0$ 对所有 $s>l$ 都成立，且 $\underline{a}(l)_l\geqslant 2$，那么，$x_l^2\partial_l\in A_n$. 进而，半单子代数 $\langle\partial_l,x_l\partial_l,x_l^2\partial_l\rangle$ 会出现在 A_n 中.

(3)如果 $\underline{a}(l)_s=0$ 对所有 $s>l$ 成立，且 $\underline{a}(l)_l=1$，那么，$x_ix_l\partial_l\in A_n\setminus\mathfrak{b}_n$，$i<l$.

$$\Rightarrow x_l\partial_l=[\partial_i,x_ix_l\partial_l]\in A_n^{[1]},$$

$$-\partial_l=[x_l\partial_l,\partial_l]\in A_n^{[1]},$$

$$\Rightarrow\partial_l\in(A_n^{[1]})^{[t]}\text{对所有 }t\in\mathbb{N}\text{成立}.$$

因此，$A_n^{[1]}$ 不是幂零的，即 $\mathfrak{b}_n$ 极大.

引理 25：对任意 $r=1,\cdots,n-1$，$\mathfrak{b}_r$ 是极大完全可解子代数.

证明：根据定义，$\mathfrak{b}_r$ 包含极大环面子代数 $\mathfrak{t}_0$. 完全可解性可由下面的两个断言推出：

断言 1：$\mathfrak{b}_r^{[1]}=\mathfrak{c}_r$.

断言 2：$\mathfrak{c}_r$ 幂零.

与引理 24 类似的计算可以证明断言 1.

断言 2 的证明：

由定义可知，$\mathfrak{b}_r=\mathfrak{b}_0(x_1,\cdots,x_{n-r})\oplus\mathfrak{q}_r\oplus\mathfrak{b}_r(x_{n-r+1},\cdots,x_n)=\mathfrak{t}_0\oplus\mathfrak{c}_{r1}\oplus\mathfrak{c}_{r2}$，其中 $\mathfrak{c}_{ri}$ 对应于 $\Lambda_i(i=1,2)$.

根据 $\mathfrak{c}_r$ 在 $\mathfrak{c}_{r1}$ 上的作用，得到：

$$\mathfrak{c}_r^{[1]}\subseteq\mathfrak{c}_{r2}\oplus\langle u^{\underline{a}(i)}\omega^{\underline{b}(i)}\partial_i\in\mathfrak{c}_{r1}\mid u^{\underline{a}(i)}\omega^{\underline{b}(i)}\partial_i\neq x_{n-r-1}x_n^{p-1}\partial_{n-r}\rangle,$$

$$\mathfrak{c}_r^{[p]}\subseteq\mathfrak{c}_{r2}\oplus\langle u^{\underline{a}(i)}\omega^{\underline{b}(i)}\partial_i\in\mathfrak{c}_{r1}\mid u^{\underline{a}(i)}\omega^{\underline{b}(i)}\partial_i\neq x_{n-r-1}x_n^{l}\partial_{n-r},l\in I\rangle,$$

$$\mathfrak{c}_r^{[p^r]}\subseteq\mathfrak{c}_{r2}\oplus\langle u^{\underline{a}(i)}\omega^{\underline{b}(i)}\partial_i\in\mathfrak{c}_{r1}\mid\underline{a}(i)\neq\boldsymbol{\epsilon}_{n-r-1}\rangle,$$

$$\mathfrak{c}_r^{[2p^r]}\subseteq\mathfrak{c}_{r2}\oplus\langle u^{\underline{a}(i)}\omega^{\underline{b}(i)}\partial_i\in\mathfrak{c}_{r1}\mid\underline{a}(i)\neq\boldsymbol{\epsilon}_{n-r-2},\boldsymbol{\epsilon}_{n-r-1}\rangle,$$

其中 $\underline{a}(i)\neq\boldsymbol{\epsilon}$ 是指 $(\underline{a}(i),\underline{b}(i),i)\neq(\boldsymbol{\epsilon},\underline{b}(n-r),n-r)\in\mathfrak{c}_{r1}$，$\underline{b}(n-r)\in I^{n-r}$ 任取.

进一步地，假设 s 使 $(b_0^{[1]}(x_1,\cdots,x_{n-r}))^{[s]}=0$，那么，$\mathfrak{c}_r^{[sp^r]}\subseteq\mathfrak{c}_{r2}$.

我们已经证明了$\mathfrak{b}_0^{[1]}$是幂零子代数. 假设$(\mathfrak{b}_r^{[1]}(x_{n-r+1},\cdots,x_n))^{[t]}=0$,因而,下式成立:

$$\mathfrak{c}_r^{[t+sp^r]}\subseteq\langle u^{\underline{c}(j)}\omega^{\underline{d}(j)}\partial_j\in\mathfrak{c}_{r2}\mid\underline{c}(j)\neq 0\rangle,$$

$$\mathfrak{c}_r^{[t+sp^r+p^r]}\subseteq\langle u^{\underline{c}(j)}\omega^{\underline{d}(j)}\partial_j\in\mathfrak{c}_{r2}\mid\underline{c}(j)\neq 0,\varepsilon_{n-q}\rangle,$$

$$\vdots$$

$$\mathfrak{c}_r^{[t+sp^r+(n-r)p^r]}\subseteq\langle u^{\underline{c}(j)}\omega^{\underline{d}(j)}\partial_j\in\mathfrak{c}_{r2}\mid\underline{c}(j)\neq 0,\epsilon_1,\cdots,\epsilon_{n-q}\rangle,$$

$$\mathfrak{c}_r^{[t+sp^r+p^{n-r}p^r]}=\mathfrak{c}_r^{[t+sp^r+p^n]}=0.$$

断言 2 成立.

极大性:类似于$\mathfrak{b}_n$极大性的证明. 如果A_r真包含$\mathfrak{b}_r$,要么在A_r中存在形如$\langle x_s\partial_l,x_l\partial_s,x_l\partial_l-x_s\partial_s\rangle$,其中$l\neq s$或形如$\langle\partial_l,x_l\partial_l,x_l^2\partial_l\rangle$的半单子代数;要么对所有$m\in\mathbb{N}$,在$(A_q^{[i]})^{[m]}$中都包含元素$\partial_l$. 以上三种情形都破坏了$A_q^{[1]}$的幂零性,所以极大性成立.

性质 12:对任意$r=0,\cdots,n$,$\mathfrak{b}_r$是$W(n)$的 B-子代数.

证明:根据$\mathfrak{b}_r$的定义,$\mathfrak{t}_0\subseteq\mathfrak{b}_r$,且$\mathfrak{b}_r$均为$\mathbb{Z}(\mathfrak{t}_0)$-阶化的. 根据引理 23、引理 24 和引理 25,$\mathfrak{b}_r$极大完全可解;根据引理 21 和引理 22,$\mathfrak{b}_r$极大可三角化.

定义 21:称$\mathfrak{b}_0,\cdots,\mathfrak{b}_n$为标准$B$-子代数. 特别地,$\mathfrak{b}_i$称为第$i$个标准 B-子代数,$i=0,\cdots,n$.

5.2　W(n)的 B-子代数的共轭类

本节将刻画$W(n)$的 B-子代数的共轭类. 事实上,本节将证明前面定义的标准 B-子代数是这些共轭类的代表元. 进一步地,B-子代数的一些基本性质将在本节中得证.

令 $\mathfrak{h}$ 是 $W(n)$ 的任意子代数，根据文献[85]，定义如下：

$$r(\mathfrak{h}):=\max\{r \mid \exists \sigma \in G \text{ 使 } \mathfrak{t}_r \subseteq \sigma \cdot \mathfrak{h} \text{ 且 } \sigma \cdot \mathfrak{h} \text{ 是 } \mathbb{Z}(\mathfrak{t}_r)\text{-阶化的}\},$$

若 $\mathfrak{h}$ 不包含任何极大环面子代数，则定义 $r(\mathfrak{h})=-1$.

引理 26 是显然的.

引理 26：对任意 $r=0,\cdots,n$，有：

(1) $\mathfrak{t}_i \subseteq \mathfrak{b}_r$ 当且仅当 $0 \leqslant i \leqslant r$.

(2) $r(\mathfrak{b}_r)=r$.

根据类似于文献[85]中引理 4.2、引理 4.3、引理 4.4 的证明，我们可以得到后续的一系列引理和命题. 唯一需要特别注意的是，我们需要验证所有涉及的代数均是可三角化的，而不只是可解的. 本节，我们将利用文献[85]中的技巧和方法，给出引理和命题证明中最主要的部分.

引理 27：如果 $\mathfrak{b}$ 是 $W(n)$ 的 B-子代数，且 $r(\mathfrak{b})=0$，那么 $\mathfrak{b}$ 共轭于 $\mathfrak{b}_0$.

证明：不失一般性，我们可以假设 $\mathfrak{t}_0 \subseteq \mathfrak{b}$，那么 $\mathfrak{b}=\sum_{i\in\mathbb{Z}} \mathfrak{b}\cap W(n)_{[i]}$.

假设 $\mathfrak{b}\cap W(n)_{[-1]}$ 中有非零元，即

$$0 \neq D=\sum_{i=1}^{n} c_i\partial_i \in \mathfrak{b}\cap W(n)_{[-1]}.$$

由于存在 $j\in\{1,\cdots,n\}$ 使 $c_j\neq 0$，所以 $[c_j^{-1}x_j\partial_j, D]=\partial_j \in \mathfrak{b}$. 因此，

$$(1+x_j)\partial_j \in \mathfrak{b}.$$

这与 $r(\mathfrak{b})=0$ 矛盾. 因此，$\mathfrak{b}\subseteq W(n)_{(0)}$.

假设 $\mathfrak{b}=\mathfrak{c}+\mathfrak{c}'$，使 $\mathfrak{c}=\mathfrak{b}\cap W(n)_{[0]}$，$\mathfrak{c}'=\mathfrak{b}\cap W(n)_{(1)}\subseteq \mathrm{rad}(\mathfrak{b})$. 因为 $\mathfrak{b}$ 可三角化，$\mathfrak{c}$ 是 $W(n)_{[0]}\simeq \mathfrak{gl}(n)$ 的可三角化子代数，因此，存在 $\sigma\in \mathrm{GL}(n)\subseteq G$，使 $\sigma(\mathfrak{c})$ 由全体上三角矩阵构成，即 $\sigma(\mathfrak{b})\subseteq \mathfrak{b}_0$.

由 $\mathfrak{b}$ 的极大性及 $\sigma(\mathfrak{b})=\mathfrak{b}_0$ 可知，引理成立.

引理 28：如果 $\mathfrak{b}$ 是 $W(n)$ 的 B-子代数，且 $r(\mathfrak{b})=n$，那么 $\mathfrak{b}$ 共轭于 $\mathfrak{b}_n$.

证明：根据 $r(\mathfrak{b})$ 的定义，不妨假设 $\mathfrak{t}_n\subseteq \mathfrak{b}$，且 $\mathfrak{b}$ 是 $\mathbb{Z}(\mathfrak{t}_n)$-阶化的. 假设 dim

$(\mathfrak{b}_{-1}^{(\mathfrak{t}_n)})=r, r'=n-r$.

我们将对 r' 使用数学归纳法.

当 $r=n, r'=0$ 时，$\mathfrak{t}_0\subseteq W(n)_{[-1]}\oplus\mathfrak{t}_n\subseteq\mathfrak{b}$. 进而 $\mathfrak{b}$ 是$\mathbb{Z}(\mathfrak{t}_0)$-阶化的，即

$$\mathfrak{b}=\sum_i \mathfrak{b}\cap W(n)_{[i]}.$$

我们断言存在$(1,2,\cdots,n)$的某个置换$(s_1,\cdots,s_n)$，使得

$$\mathfrak{b}\subseteq\sum_i\sum_{a(i)}\mathbb{K}X^{a(i)}\partial_{s_i},$$

其中 $X=(x_{s_1},\cdots,x_{s_n}), a(i)=(a_1,\cdots,a_{i-1},0,\cdots,0)\in I^n$.

否则，类似于引理24和[85]中引理4.3的证明，我们可以证明下面三种情况中一种情况将会发生：

(1) $\mathfrak{b}$ 中包含两个元素 $x_i\partial_j$ 和 $x_j\partial_i$，其中 $i\neq j$.

(2) 对某个 i，存在 $\mathfrak{b}$ 中元素 $x_i^2\partial_i$.

(3) ∂_{s_n} 和 $x_{s_n}\partial_{s_n}$ 同时出现在$\mathfrak{b}^{[1]}$中.

第一种情况将导致三元组 $x_i\partial_j$、$x_j\partial_i$ 和 $x_i\partial_i-x_j\partial_j$ 出现在 $\mathfrak{b}$ 中. 第二种情况意味着三元组 ∂_i、$x_i\partial_i$ 和 $x_i^2\partial_i$ 将出现在 $\mathfrak{b}$ 中. 注意到它们的线性扩张都是半单李代数，因而这两种情况中的任何一种都和 $\mathfrak{b}$ 的可解性矛盾. 第三种情况导致 $\partial_{s_n}\in(\mathfrak{b}^{[1]})^{[m]}$，对任意 $m\in\mathbb{N}$都成立，这与 $\mathfrak{b}$ 的完全可解性矛盾，因此断言成立.

进而，经过某个恰当的$(x_1,\cdots,x_n)$的置换 τ，$\mathfrak{b}$ 与$\mathfrak{b}_n$ 的某个B-子代数同构. 由B-子代数的极大性可知，$\mathfrak{b}=\mathfrak{b}_n$.

$r'=0$ 的情形证毕.

对一般的 $r'>0$，假设命题对所有小于 r'的情况都成立. 不失一般性，假设

$$\mathfrak{b}_{-1}^{(\mathfrak{t}_n)}=\mathbb{K}\partial_1+\cdots+\mathbb{K}\partial_r.$$

于是，$\mathfrak{t}_{n-r}\subseteq\mathfrak{b}$. 令

$$\mathfrak{b}'=\mathfrak{b}\cap W(x_1,\cdots,x_r), \mathfrak{b}''=\mathfrak{b}\cap W(x_{r+1},\cdots,x_n).$$

显然，

$$\sum_{i=1}^{r}\mathbb{K}\partial_i+\sum_{i=1}^{r}\mathbb{K}x_i\partial_i\subseteq\mathfrak{b}',$$

$$\sum_{i=1}^{r}\mathbb{K}(1+x_i)\partial_i\subseteq\mathfrak{b}''\subseteq W(x_{r+1},\cdots,x_n)_{(0)}^{(\mathfrak{t}_{n-r})}.$$

接下来的证明将分成两种情形进行讨论.

情形 1:$\mathfrak{b}''$中不含有任何幂零元. 因此,

$$\mathfrak{b}''=\sum_{i=r+1}^{n}\mathbb{K}(1+x_i)\partial_i,$$

$$\mathfrak{b}=\mathfrak{b}'+\mathfrak{c}+\mathfrak{b}'',$$

$$\mathfrak{c}=\sum_{(a_1,\cdots,a_r;b_{r+1},\cdots,b_n;i)\in J}\mathbb{K}x_1^{a_1}\cdots x_r^{a_r}(1+x_{r+1})^{b_{r+1}}\cdots(1+x_n)^{b_n}\partial_i,$$

其中 $J\subseteq\Gamma=I^r\times I^{n-r}\times\{1,\cdots,r\}$.

令 $\overline{J}$ 是 Γ 的另一个子集,定义为:只要存在一个元素$(a_1,\cdots,a_r;b_{r+1},\cdots,b_n;i)\in J$ 或者 $x_1^{a_1}\cdots x_1^{a_r}\partial_i\in\mathfrak{b}'$,那么$(a_1,\cdots,a_r;c_{r+1},\cdots,c_n;i)\in\overline{J}$,其中 $c_{r+1},\cdots,c_n$ 跑遍 I. 令

$$\overline{\mathfrak{c}}=\sum_{(a_1,\cdots,a_r;c_{r+1},\cdots,c_n;i)\in\overline{J}}\mathbb{K}x_1^{a_1}\cdots x_r^{a_r}(1+x_{r+1})^{c_{r+1}}\cdots(1+x_n)^{c_n}\partial_i,$$

$$\overline{\mathfrak{b}}=\mathfrak{b}'+\overline{\mathfrak{c}}+\mathfrak{b}''=\overline{\mathfrak{c}}+\mathfrak{b}''.$$

注意到$\mathfrak{b}''$正规化$\mathfrak{b}'+\mathfrak{c}$ 及$\mathfrak{b}^{[1]}=(\mathfrak{b}'+\mathfrak{c})^{[1]}$.

我们有如下断言:$\overline{\mathfrak{b}}$ 是 $W(n)$中包含 $\mathfrak{b}$ 的可三角化子代数. 进而,由于 $\mathfrak{b}$ 的极大,$\mathfrak{b}=\overline{\mathfrak{b}}$.

事实上,对任意的 $\overline{D},\overline{D}'\in\overline{\mathfrak{c}}$ 使得

$$\overline{D}=x_1^{a_1}\cdots x_r^{a_r}(1+x_{r+1})^{c_r+1}\cdots(1+x_n)^{c_n}\partial_i,$$

$$\overline{D}'=x_1^{a'_1}\cdots x_r^{a'_r}(1+x_{r+1})^{c'_{r+1}}\cdots(1+x_n)^{c'_n}\partial_j.$$

根据 $\overline{B}$ 的定义,假设

$$D=x_1^{a_1}\cdots x_r^{a_r}(1+x_{r+1})^{b_{r+1}}\cdots(1+x_n)^{b_n}\partial_i\in\mathfrak{b}'+\mathfrak{c},$$

$$D'=x_1^{a'_1}\cdots x_r^{a'_r}(1+x_{r+1})^{b'_{r+1}}\cdots(1+x_n)^{b'_n}\partial_j\in\mathfrak{b}'+\mathfrak{c}.$$

那么

$$[D,D']=(1+x_{r+1})^{b_{r+1}+b'_{r+1}}\cdots(1+x_n)^{b_n+b'_n}[x_1^{a_1}\cdots x_r^{a_r}\partial_i,x_1^{a'_1}\cdots x_r^{a'_r}\partial_j],$$

$$[\overline{D},\overline{D}']=(1+x_{r+1})^{c_{r+1}+c'_{r+1}}\cdots(1+x_n)^{c_n+c'_n}[x_1^{a_1}\cdots x_r^{a_r}\partial_i,x_1^{a'_1}\cdots x_r^{a'_r}\partial_j].$$

由$[D,D']\in\mathfrak{b}'+\mathfrak{c}$可知,$[\overline{D},\overline{D}']\in\overline{\mathfrak{b}}$. 因此,$\overline{\mathfrak{c}}$是$W(n)$的一个子代数.

假设$\overline{D}\in\overline{\mathfrak{b}}^{[1]}$,我们可以设$D\in\mathfrak{b}^{[1]}$及$\mathrm{ad}(D)$幂零作用于$\mathfrak{b}$. 由上述计算知,$\mathrm{ad}(\overline{D})$在$\overline{\mathfrak{c}}$和$\overline{\mathfrak{b}}$上也是幂零作用. 因此,$\overline{\mathfrak{b}}$是$W(n)$中包含$\mathfrak{b}$的可三角化子代数,即断言成立.

另外,如下关系可直接验证:

$$[\partial_n,\mathfrak{b}']=0,[\partial_n,\overline{\mathfrak{c}}]\subseteq\overline{B},[\partial_n,\mathfrak{b}'']=\mathbb{K}\partial_n,\mathrm{ad}(\partial_n)^p=0.$$

因此,$\mathfrak{b}+\mathbb{K}\partial_n=\overline{\mathfrak{b}}+\mathbb{K}\partial_n$同样是$W(n)$的可三角化子代数. 注意到$\mathfrak{b}\subsetneq\mathfrak{b}+\mathbb{K}\partial_n$,这与$\mathfrak{b}$的极大性矛盾.

因此,$\mathfrak{b}''$中必然含有幂零元.

情形 2:存在幂零元$X\in\mathfrak{b}''$. 此时,我们可以假设:

$$X=(1+x_{r+1})^{a_{r+1}}\cdots(1+x_n)^{a_n}\partial_q,q\in\{r+1,\cdots,n\}$$

通过具体计算可知,文献[85]中出现的一组自同构$\Phi,\Psi\in G$在我们的情形下依然起作用,即

$$\Psi\circ\Phi(\mathfrak{b})\supseteq\mathfrak{t}_n,\Psi\circ\Phi(\mathfrak{b})_{-1}^{(\mathfrak{t}_n)}=\sum_{i=1}^{r}\mathbb{K}\partial_i+\mathbb{K}\partial_q.$$

根据归纳假设,我们知道,$\Psi\circ\Phi(\mathfrak{b})$与$\mathfrak{b}_n$共轭,引理成立.

类似于[85]中引理 4.4 的证明,我们可以证明如下命题:

性质 13:令$\mathfrak{b}$是任意给定的$W(n)$的 B-子代数,使$\mathrm{r}(\mathfrak{b})=r,0\leqslant r\leqslant n$,那么在$G$作用下$\mathfrak{b}$共轭于$\mathfrak{b}_r$.

推论 10:令$\mathfrak{b}$是任意给定的$W(n)$的 B-子代数,

$$\mathrm{pr}_0:W(n)\twoheadrightarrow W(n)/W(n)_{(0)}$$

是线性空间之间的线性映射. 则有

$$r(\mathfrak{b})=\dim(\mathrm{pr}_0(\mathfrak{b})).$$

证明:$\mathrm{pr}_0(\mathfrak{b}_r)=\langle\partial_i\mid i=n-r+1,\cdots,n\rangle$,因此有:

$$r(\mathfrak{b}_r)=r=\dim(\mathrm{pr}_0(\mathfrak{b}_r))$$

注意到,$\mathrm{pr}_0(g(\mathfrak{b}_r))=\mathrm{pr}_0(\mathfrak{b}_r)$,$\dim(\mathrm{pr}_0(\sigma(\mathfrak{b})))=\dim(\mathrm{pr}_0(\mathfrak{b}))$对所有 $g\in G_0$ 和 $\sigma\in U$ 都成立,推论得证.

注记 29:根据性质 13,$\mathfrak{b}$ 的共轭类可以被 $\dim(\mathrm{pr}_0(\mathfrak{b}))$唯一确定.因为 $\dim(\mathrm{pr}_0(\mathfrak{b}_r))=r$,$r=0,\cdots,n$,如下推论成立:

推论 11:$\mathfrak{b}_0,\cdots,\mathfrak{b}_n$ 互不共轭.

综上所述,我们得到了定理 5,这也是本节的主要结论.

定理 5:假设基域$\mathbb{K}$的特征 p 大于 2 且$(p,n)\neq(3,1)$,在 G 的作用下 $W(n)$ 中共有$(n+1)$个 B-子代数的共轭类,代表元是标准 B-子代数

$$\{\mathfrak{b}_i\mid i=0,1,\cdots,n\}.$$

推论 12:(1)$W(n)$中至少有 $n+1$ 个 Borel 子代数的共轭类.

(2)$W(n)$中至少有 $n+1$ 个极大可三角化子代数和极大完全可解子代数的共轭类.

证明:由文献[85]可知,$\{B_0,\cdots B_n\}$是 $n+1$ 个互不共轭的 Borel 子代数.

由定理 5 可知,$\{\mathfrak{b}_i\mid i=0,1,\cdots,n\}$是 $n+1$ 个互不共轭的极大可三角化子代数和极大完全可解子代数.

5.3 $W(n)$的标准齐次 B-子代数及其共轭类

一个子代数 $\mathfrak{h}$ 称为标准齐次的,如果

$$\mathfrak{h}=\sum_i(\mathfrak{h}\cap W(n)_{[i]}).$$

引理29可以从$\mathfrak{b}_r$的定义得到.

引理29:对所有的$r=0,\cdots,n$,$\mathfrak{b}_r$都是标准齐次B-子代数.

推论13:如果$\mathfrak{b}$是$W(n)$的标准齐次B-子代数,$r(\mathfrak{b})=r\in\{0,\cdots,n\}$,那么,$\mathfrak{b}=\boldsymbol{g}\cdot\mathfrak{b}_r$,其中$\boldsymbol{g}\in G_0$.

证明:根据定理5,存在B-子代数$\mathfrak{b}'=\sigma\boldsymbol{g}\cdot\mathfrak{b}_s$,其中$\sigma\in U$,$\boldsymbol{g}\in G_0$,$s\in\{0,\cdots,n\}$,使$\mathfrak{b}\subseteq\mathfrak{b}'$.接下来,把阶化函子作用在$\mathfrak{b}$和$\mathfrak{b}'$上,可知

$$\mathfrak{b}=\mathrm{gr}(\mathfrak{b})\subseteq\mathrm{gr}(\mathfrak{b}')=\mathrm{gr}(\sigma\boldsymbol{g}\cdot\mathfrak{b}_s)=\boldsymbol{g}\cdot\mathfrak{b}_s.$$

注意到$\mathfrak{b}$和$\boldsymbol{g}\cdot\mathfrak{b}_s$都是标准齐次B-子代数,其极大性致使它们必然相同,并且$s=r(\boldsymbol{g}\cdot\mathfrak{b}_s)=r(\mathfrak{b})=r$,推论成立.

因此,我们得到如下的标准齐次B-子代数共轭类的分类定理:

定理6:假设基域$\mathbb{K}$的特征p大于2且$(p,n)\neq(3,1)$,那么在G_0的作用下,$W(n)$中共有$(n+1)$个标准齐次B-子代数的共轭类,代表元是

$$\{\mathfrak{b}_i\mid i=0,1,\cdots,n\}.$$

5.4　(阶化)维数

引理30:$W(n)$的B-子代数都是滤过子代数.

证明:由定义可知,$\mathfrak{b}_r$,$r=0,\cdots,n$,是阶化的,因而也是滤过的.由于$(\mathfrak{b}_r,G,G_0,\mathrm{U})$满足引理30中的滤过假设,推论成立.

回顾$\mathrm{gdim}(L)$是滤过李代数L的阶化维数(参考定义5),我们已经证明了,如果L和G满足滤过假设(定义4),那么$\mathrm{gdim}(L)$是G-不变的.

性质14:令$\mathfrak{b}$是$W(n)$的B-子代数,使$r(\mathfrak{b})=r$,那么

$$\mathrm{gdim}(\mathfrak{b})=n(Q^{n-r}-1)Q^rt^{-1}+\frac{1-Q^r}{1-Q}t^{-1}-\frac{(n-r)(n+r+1)}{2}(Q^r-1)+r-$$

$$\frac{(n-r)(n-r-1)}{2},$$

其中 $Q=\sum_{i=0}^{p-1} t^i=\frac{1-t^p}{1-t}$.

证明:记$\mathfrak{b}_i(m)$是 $W(m)$的第 i 个标准 B-子代数,令

$$W_{(i)}:=A(n)\partial_i\subset W(n),i=1,\cdots,n.$$

通过直接计算可知,

$$Q:=\text{gdim}(A(1))=\sum_{i=0}^{p-1} t^i=\frac{1-t^p}{1-t}.$$

由于 $A(n)=A(1)\times\cdots\times A(1)$是阶化代数,故

$$\text{gdim}(A(n))=Q^n,$$

$$\text{gdim}(W_{(i)})=\text{gdim}(A(n))t^{-1}=Q^n t^{-1}.$$

下面的断言可直接计算得到:

断言 1:$\text{gdim}(\mathfrak{b}_0)=nQ^n t^{-1}-nt^{-1}-\frac{n(n-1)}{2}$.

断言 2:$\text{gdim}(\mathfrak{b}_n(n))=\frac{1-Q^n}{1-Q}t^{-1}+n$.

注意到,作为线性空间,$\mathfrak{b}_n(n)$由$\mathfrak{t}_0$ 与 $X^{\underline{a}}\partial_i$ 线性张成,其中 $\underline{a}=(a_1,\cdots,a_{i-1},0,\cdots,0)$,$a_j\in\mathbb{K},i=1,\cdots,n;j=1,\cdots,i-1$.

令

$$P_i:=\text{gdim}(\mathfrak{b}_n(n)\cap W_{(i)}),$$

那么

$$\text{gdim}(\mathfrak{b}_n(n))=\sum_{i=1}^{n} P_i.$$

同时,

$$\mathfrak{b}_n(n)\cap W_{(i)}=A(x_1,\cdots,x_{i-1})\partial_i\oplus\mathbb{K}x_i\partial_i,$$

$$\text{gdim}(\mathfrak{b}_n(n)\cap W_{(i)}=Q^{i-1}t^{-1}+1.$$

从而，

$$\mathrm{gdim}(\mathfrak{b}_n(n))=\sum_{i=1}^{n}P_i=\sum_{i=1}^{n}(Q^{i-1}t^{-1}+t)=\frac{1-Q^n}{1-Q}t^{-1}+n.$$

因而断言 2 成立.

断言 3: $\mathrm{gdim}(\mathfrak{b}_q)=n(Q^{n-q}-1)Q^qt^{-1}+\frac{1-Q^q}{1-Q}t^{-1}-\frac{(n-q)(n+q+1)}{2}(Q^q-1)+q-\frac{(n-q)(n-q-1)}{2}$.

注意到:

$$\mathfrak{b}_q(n)=\mathfrak{b}_0(x_1,\cdots,x_{n-q})\oplus Q_q\oplus\mathfrak{b}_q(x_{n-q+1},\cdots,x_n)=\mathfrak{b}_0(n-q)+Q_q+\mathfrak{b}_q(q),$$

$$Q_q=\langle u^{\underline{a}(i)}w^{\underline{b}(i)}\partial_i\mid(\underline{a}(i),\underline{b}(i),i)\in\Gamma_1\cup\Gamma_2\rangle,$$

其中$(\underline{a}(i),\underline{b}(i),i):=(a_1,\cdots,a_{n-q},b_1,\cdots,b_q,i)$，$\Gamma_1=\{(\underline{a}(i),\underline{b}(i),i)\mid 1\leqslant i\leqslant n-q,\ |\underline{b}(i)|>0$,或者$|\underline{a}(i)|>1$或者$|\underline{a}(i)|=1=a_1+\cdots+a_{i-1}\}$，$\Gamma_2=\{(\underline{a}(i),\underline{b}(i),i)\mid n-q+1\leqslant i\leqslant n,\ |\underline{a}(i)|>0\}$.

令

$$R_i:=Q_q\cap W_{(i)},i=1,\cdots,n.$$

类似于断言 2 的证明,可知:

如果 $1\leqslant i\leqslant n-q$,

$$\begin{aligned}\mathrm{gdim}(R_i)&=[\mathrm{gdim}(A(n-q))-(n-i+1)t-1][\mathrm{gdim}(A(q))-1]t^{-1}\\&=(Q^{n-q}-(n-i+1)t-1)(Q^q-1)t^{-1}\\&=(Q^{n-q}-1)(Q^q-1)t^{-1}-(n-i+1)(Q^q-1).\end{aligned}$$

如果 $n-q+1\leqslant i\leqslant n$,

$$\mathrm{gdim}(R_i)=[\dim(A(n-q))-1]\mathrm{gdim}(A(q))t^{-1}=(Q^{n-q}-1)Q^qt^{-1}.$$

根据断言 1 和断言 2,我们有

$$\mathrm{gdim}(\mathfrak{b}_q(n))=\mathrm{gdim}(\mathfrak{b}_0(n-q))+\mathrm{gdim}(\mathfrak{b}_q(q))+\sum_{i=1}^{n}\mathrm{gdim}(R_i)$$

$$=(n-q)(Q^{n-q}-1)t^{-1}-\frac{(n-q)(n-q-1)}{2}+\frac{1-Q^q}{1-Q}t^{-1}+q+$$

$$(n-q)(Q^{n-q}-1)(Q^q-1)t^{-1}-\sum_{i=1}^{n-q}(n-i+1)+q(Q^{n-q}-1)Q^q t^{-1}$$

$$=n(Q^{n-q}-1)Q^q t^{-1}+\frac{1-Q^q}{1-Q}t^{-1}-\frac{(n-q)(n+q+1)}{2}$$

$$(Q^q-1)+q-\frac{(n-q)(n-q-1)}{2}.$$

因此,断言 3 成立.

接下来,假设 $\mathfrak{b}$ 是 $W(n)$ 的 B-子代数,使 $r(\mathfrak{b})=r$. 根据分类定理,存在 $\Phi\in G$ 使 $\Phi\cdot\mathfrak{b}=\mathfrak{b}_r(n)$.

根据引理 4,$\operatorname{gdim}(\mathfrak{b})=\operatorname{gdim}(\Phi\cdot\mathfrak{b})=\operatorname{gdim}(\mathfrak{b}_r(n))$. 因此,命题是断言 3 的一个直接推论.

注记 30:利用公式 $Q(0)=1$ 和$\frac{dQ}{dt}\big|_{t=0}=1$,我们可以直接得出如下等式:

$$\dim(\mathfrak{b}_{r,-1})=r,$$

$$\dim(\mathfrak{b}_{r,0})=n(n+1)/2.$$

这与下面的事实一致:

$$\mathfrak{b}_r=\sum_{i=n-r+1}^{n}\mathbb{K}\partial_i+\sum_{i\leqslant j}\mathbb{K}x_i\partial_j+\text{高阶项}.$$

推论 14:假设 $\mathfrak{b}$ 是 $W(n)$ 的 B-子代数,使 $r(\mathfrak{b})=r$,那么

$$\dim(\mathfrak{b})=n(p^{n-r}-1)p^r+\frac{1-p^r}{1-p}-\frac{(n-r)(n+r+1)}{2}(p^r-1)+r-\frac{(n-r)(n+r+1)}{2}.$$

特别地,

$$\dim(\mathfrak{b}_0)=n(p^n-1)-\frac{n(n-1)}{2},$$

$$\dim(\mathfrak{b}_n)=\frac{1-p^n}{1-p}+n.$$

证明:在函数 gdim(𝔟)中令 $t=1$ 即可得到 𝔟 的维数. 由于 $Q(1)=p$,推论可以直接计算得到.

舒斌在[85]中对 $W(n)$ 中全体齐次 Borel 子代数的共轭类进行了研究,结果表明,$W(n)$ 有 $(n+1)$ 个齐次 Borel 子代数的共轭类,齐次 Borel 子代数 𝔟 的共轭类被 $r(\mathfrak{b})\in\{0,\cdots,n\}$ 参数化.

进一步地,所有齐次 Borel 子代数也是滤过的,因此,我们也可以计算它们的阶化维数 gdim. 与上述性质类似的计算过程可以得到性质 15:

性质 15:假设 B 是 $W(n)$ 的齐次 Borel 子代数,使 $r(B)=q$,其中 $q=0,\cdots,n$,那么 B 是滤过子代数,且

$$\mathrm{gdim}(B)=nQ^{n}t^{-1}-nQ^{q}t^{-1}-\frac{(n-q)(n-q-1)}{2}Q^{q}+(1+t^{-1})\frac{1-Q^{q}}{1-Q},$$

其中 $Q=\sum\limits_{i=0}^{p-1}t^{i}=\dfrac{1-t^{p}}{1-t}$.

进一步,

$$\dim B=np^{n}-np^{q}-\frac{(n-q)(n-q-1)}{2}p^{q}+\frac{2(1-p^{q})}{1-p}.$$

第 6 章　$W(n)$ 齐次旗簇及其性质

本章将详细刻画齐次旗簇$\mathcal{B}_{homo,q}$ 和$\mathcal{B}_{homo}$，并研究其基本性质. 本章总假设 $p\nmid n+1$.

6.1　$\mathcal{B}_{homo}$ 的基本事实

定义 22：定义$\mathcal{B}_{homo}$ 为 $W(n)$ 中全体标准齐次 B-子代数构成的集合，即

$$\mathcal{B}_{homo}=\{W(n)\text{上标准齐次 }B\text{-子代数}\}.$$

对任意 $q=0,\cdots,n$，$\mathcal{B}_{homo,q}=\mathcal{B}_{homo}\cap\mathcal{B}_q$ 由$\mathcal{B}_{homo}$ 中全体与$\mathfrak{b}_q$ 共轭的 B-子代数组成，即

$$\mathcal{B}_{homo,q}=\{W(n)\text{上共轭于}\mathfrak{b}_q\text{ 的标准齐次 }B\text{-子代数}\}.$$

由共轭定理（定理 6）可知

$$\mathcal{B}_{homo}=\bigcup_{q=0}^{n}\mathcal{B}_{homo,q},\ \mathcal{B}_{homo,q}=G_0\cdot\mathfrak{b}_q.$$

回顾 B_+是 $\mathrm{GL}_{n+1}(\mathbb{K})$ 中由全体上三角矩阵构成的 Borel 子群. 直接计算可知

$$\mathrm{pr}(\mathfrak{b}_q)=\langle E_{n+1,i}\mid n-q<i\leqslant n\rangle\oplus\langle E_{i,n+1}\mid 1<i\leqslant n-q\rangle$$

$$\oplus\langle E_{ij}-\delta_{ij}E_{n+1,n}\mid 1\leqslant i\leqslant j\leqslant n\rangle. \tag{6.1}$$

即 $\mathrm{pr}(\mathfrak{b}_q)$ 由具有如下形式的矩阵组成：

$$\begin{pmatrix} X & \alpha \\ \beta^T & -tr(X) \end{pmatrix},$$

其中 $X\in \mathrm{Lie}(B_+)$ 是一个上三角矩阵，$\alpha,\beta\in\mathbb{K}^n$ 是列向量，使得

$$\alpha=(a_1,\cdots,a_{n-q},0,\cdots)^T,\text{且 }\beta=(0,\cdots,0,b_{n-q+1},\cdots,b_n)^T.$$

6.2　$\mathcal{B}_{homo,q}$ 的簇结构

记 $\mathrm{Stab}_{G_0}(\mathrm{pr}(\mathfrak{b}_q))$ (resp. $\mathrm{Stab}_{G_0}(\mathfrak{b}_q)$) 为 $\mathrm{pr}(\mathfrak{b}_q)$ (resp. $\mathfrak{b}_q$) 在 G_0 中的稳定化子. 对每个 $g\in B_+$，$1\leqslant i\leqslant n$，我们有：

$$\Psi_g(x_i)\in\langle x_1,\cdots,x_i\rangle,\text{且 }\Psi_g(\partial_i)\in\langle\partial_i,\cdots,\partial_n\rangle. \tag{6.2}$$

引理 31：如果 $p\nmid n+1$，那么 $\mathrm{Stab}_{G_0}(\mathrm{pr}(\mathfrak{b}_q))=B_+$.

证明：

$$g\in G_0,\begin{pmatrix} X & \alpha \\ \beta^T & -tr(X) \end{pmatrix}\in \mathrm{pr}(\mathfrak{b}_q),$$

由推论 3 可知

$$g\cdot\begin{pmatrix} X & \alpha \\ \beta^T & -tr(X) \end{pmatrix}=\begin{pmatrix} g & 0 \\ 0 & 1 \end{pmatrix}\begin{pmatrix} X & \alpha \\ \beta^T & -tr(X) \end{pmatrix}\begin{pmatrix} g & 0 \\ 0 & 1 \end{pmatrix}^{-1}=\begin{pmatrix} gXg^{-1} & g\alpha \\ \beta^Tg^{-1} & -tr(X) \end{pmatrix}.$$

如果 $g\in\mathrm{Stab}_{G_0}(\mathrm{pr}(\mathfrak{b}_q))$，那么 $gXg^{-1}\in\mathrm{Lie}(B_+)$. 当 X 跑遍 $\mathrm{Lie}(B_+)$ 时，必然有 $g\in B_+$；反之，每个 B_+ 中的元素都稳定 $\mathrm{pr}(\mathfrak{b}_q)$.

引理 32：对任意 q，有 $\mathrm{Stab}_{G_0}(\mathfrak{b}_q)=B_+$.

证明：任取 $g\in\mathrm{Stab}_{G_0}(\mathfrak{b}_q)$，由于 g 是齐次的，因此 g 稳定 $\mathrm{Lie}(B_+)=\mathfrak{b}\cap$

$W(n)_{[0]}$，即 $\mathrm{Stab}_{G_0}(\mathfrak{b}_q)\subseteq B_+$；反之，对任意 $M\in B_+$，$i=1,\cdots,n$，由公式(6.2)可知

$$\Psi_M(x_i\partial_i)\in\langle x_j\partial_k \mid j\leqslant i\leqslant k\rangle\subseteq\mathrm{Lie}(B_+),$$

因此，$\Psi_M(\mathfrak{t}_0)\subseteq\mathrm{Lie}(B_+)$.

下面关于 $B_+\subseteq\mathrm{Stab}_{G_0}(\mathfrak{b}_q)$ 的证明将分成 3 种情况进行：

(1) $q=0$：由于 $\mathfrak{b}_0=\mathfrak{b}\cap W(n)_{(1)}$，显然 Ψ_M 稳定 $\mathfrak{b}_0$.

(2) $q=n$：对任意 $X^{\underline{a}}\partial_i\in\mathfrak{c}_n$，$\underline{a}=(a_1,\cdots,a_{i-1},0,\cdots,0)\in I^n$，由公式(6.2)可知

$$\Psi_M(X^{\underline{a}}\partial_i)\in\langle X^{\underline{b}}\partial_j \mid \underline{b}=(b_1,\cdots,b_{i-1},0,\cdots,0)\in I^n,j\geqslant i\rangle\subseteq\mathfrak{b}_n.$$

(3) $0<q<n$：对任意 $X^{\underline{a}}\partial_i\in\mathfrak{c}_n$，$\underline{a}=(a_1,\cdots,a_n)\in I^n$，下列结论成立：

1) 如果 $1\leqslant i\leqslant n-q$，且 $\sum\limits_{k=1}^{n-q}a_k>1$，那么

$$\Psi_M(X^{\underline{a}}\partial_i)\in\langle X^{\underline{b}}\partial_j \mid \sum_{k=1}^{n-q}b_k\geqslant\sum_{k=1}^{n-q}a_k>1,j\geqslant i\rangle\subseteq\mathfrak{b}_q.$$

2) 如果 $1\leqslant i\leqslant n-q$，且 $\sum\limits_{k=1}^{n-q}a_k=1=\sum\limits_{k=1}^{i-1}a_k$，那么

$$\Psi_M(X^{\underline{a}}\partial_i)\in\langle X^{\underline{b}}\partial_j \mid \sum_{k=1}^{n-q}b_k>1,\ \sum_{k=1}^{n-q}b_k=1=\sum_{k=1}^{i-1}b_k j\geqslant i\rangle\subseteq\mathfrak{b}_q.$$

3) 如果 $n-q+1\leqslant i\leqslant n$，且 $\sum\limits_{k=1}^{n-q}a_k\geqslant 1$，那么

$$\Psi_M(X^{\underline{a}}\partial_i)\in\langle X^{\underline{b}}\partial_j \mid \sum_{k=1}^{n-q}b_k\geqslant\sum_{k=1}^{n-q}a_k\geqslant 1,j\geqslant i\rangle\subseteq\mathfrak{b}_q.$$

4) 如果 $n-q+1\leqslant i\leqslant n$，且 $a_1=\cdots=a_{n-q}=a_i=\cdots=a_n=0$，那么

$$\Psi_M(X^{\underline{a}}\partial_i)\in\langle X^{\underline{b}}\partial_j \mid b_i=\cdots=b_n=0,j\geqslant i\rangle\subseteq\mathfrak{b}_q.$$

综上所述，$B_+\subseteq\mathrm{Stab}_{G_0}(\mathfrak{b}_q)$. 证毕.

设 $r_q=\dim(\mathfrak{b}_q)$，具体公式参考推论 14. 显然 $\mathcal{B}_{homo,q}=G_0\cdot\mathfrak{b}_q$ 作为 $W(n)$ 中全体 r_q-维子空间构成的 Grassmannian 的子集具有簇结构. 类似地，

$$G_0\cdot\mathrm{pr}(\mathfrak{b}_q)\subseteq\mathrm{Grass}\left(\frac{(n+1)(n+2)}{2},\mathfrak{sl}(n+1)\right).$$

由引理 31 和引理 32、轨道映射 $\alpha^q:G_0\to G_0\cdot\mathfrak{b}_q$ 和 $\beta^q:G_0\to G_0\cdot\mathrm{pr}(\mathfrak{b}_q)$ 可分

别分解出双射 $G_0/B_+\to G_0\cdot\mathfrak{b}_q$ 和 $G_0/B_+\to G_0\cdot \mathrm{pr}(\mathfrak{b}_q)$. 下面我们将证明这些双射实际上是簇同构. 轨道映射 α^q(resp. β^q)诱导簇同构 $G_0/B_+\simeq G_0\cdot\mathfrak{b}_q$(resp. $G_0/B_+\simeq G_0\cdot\mathrm{pr}(\mathfrak{b}_q)$)当且仅当 α^q(resp. β^q)是可分离的,当且仅当单位处切空间的核 $\ker\alpha_1^q$(resp. $\ker\beta_1^q$)包含在 $\mathrm{Lie}(B_+)$(resp. $\mathrm{Lie}(B_+)$)(可参考文献[6]).

由于 $G_0=\mathrm{GL}(x_1,\cdots,x_n)\simeq\mathrm{GL}(n)$,所以

$$\mathrm{Lie}(G_0)=\mathfrak{gl}(x_1,\cdots,x_n)\simeq\mathfrak{gl}(n).$$

根据推论3,$\mathfrak{gl}(n)$在$\mathfrak{sl}(n+1)$上的作用为

$$Z\cdot X=[\mathrm{diag}(Z,0),X],\ \forall Z\in\mathfrak{gl}(n),X\in\mathfrak{sl}(n+1),$$

这与 $\mathfrak{gl}(n+1)$在$\mathfrak{sl}(n+1)$上的共轭作用的限制吻合.

记 $\mathfrak{b}$ 的稳定化子为 $\mathrm{Stab}_{\mathfrak{gl}(n)}(\mathfrak{b})$,这里 $\mathfrak{b}=\mathfrak{b}_q$ 或 $\mathrm{pr}(\mathfrak{b}_q)$. 文献[70]中的证明对 α^q 和 β^q 依然奏效. 因此,引理33成立.

引理33:$\ker\alpha_1^q=\mathrm{Stab}_{\mathfrak{gl}(n)}(\mathfrak{b}_q)$,$\ker\beta_1^q=\mathrm{Stab}_{\mathfrak{gl}(n)}(\mathrm{pr}(\mathfrak{b}_q))$.

性质16:假设 $p\nmid n+1$,对每个 $q=0,\cdots,n$,下列同构成立:

$$G_0\cdot\mathrm{pr}(\mathfrak{b}_q)\simeq G_0/B_+\simeq\mathcal{F}l_n.$$

证明:显然有 $G_0/B_+\simeq\mathcal{F}l_n$.

由文献[6]和引理33可知,$G_0\cdot\mathrm{pr}(\mathfrak{b}_q)\simeq G_0/B_+$是簇同构当且仅当

$$\mathrm{Stab}_{\mathfrak{gl}(n)}(\mathrm{pr}(\mathfrak{b}_q))\subseteq\mathrm{Lie}(B_+).$$

对任意

$$A\in\mathrm{Stab}_{\mathfrak{gl}(n)}(\mathrm{pr}(\mathfrak{b}_q))\text{及}\begin{pmatrix}X&\alpha\\\beta^T&-tr(X)\end{pmatrix}\in\mathrm{pr}(\mathfrak{b}_q),$$

直接计算可知

$$A\cdot\begin{pmatrix}X&\alpha\\\beta^T&-tr(X)\end{pmatrix}=\left[\begin{pmatrix}A&0\\0&0\end{pmatrix},\begin{pmatrix}X&\alpha\\\beta^T&-tr(X)\end{pmatrix}\right]=\begin{pmatrix}[A,X]&A\alpha\\-\beta^TA&0\end{pmatrix}\in\mathrm{pr}(\mathfrak{b}_q).$$

当 X 跑遍 $\mathrm{Lie}(B_+)$时,必然有 $A\in\mathrm{Lie}(B_+)$. 因此,

$$\mathrm{Stab}_{\mathfrak{gl}(n)}(\mathrm{pr}(\mathfrak{b}_q))\subseteq\mathrm{Lie}(B_+).$$

性质 17：对每个 $q=0,\cdots,n$，如下同构成立：

$$\mathcal{B}_{homo,q}\simeq G_0/B_+\simeq \mathcal{F}l_n.$$

进一步地，如果 $p\nmid n+1$，那么 $\mathcal{B}_{homo,q}\simeq G_0\cdot \mathrm{pr}(\mathfrak{b}_q)$.

证明：类似性质 16 的证明，我们只需要证明

$$\mathrm{Stab}_{\mathfrak{gl}(n)}(\mathfrak{b}_q)\subseteq \mathrm{Lie}(B_+).$$

由于 $\mathfrak{gl}(n)=\mathrm{Lie}(G_0)\simeq W(n)_{[0]}$ 稳定每个 $W(n)_{[i]}$，因此有：

$$\mathrm{Stab}_{\mathfrak{gl}(n)}(\mathfrak{b}_q)\subseteq \mathrm{Stab}_{\mathfrak{gl}(n)}(\mathfrak{b}_q\cap W(n)_{[0]})=\mathrm{Stab}_{\mathfrak{gl}(n)}(\mathrm{Lie}(B_+))=\mathrm{Lie}(B_+)$$

6.3 $\mathcal{B}_{homo}$ 的簇结构

引理 34：假设 $p\nmid n+1$，$q=0,\cdots,n$，有

$$G_0\cdot \mathrm{pr}(\mathfrak{b}_q)\simeq\{(v_1,\cdots,v_{n-q},\epsilon_{n+1},v_{n-q+1},\cdots,v_n)\in \mathcal{F}l_{n+1}\mid (v_1,\cdots,v_n)\in \mathcal{F}l_n\}.$$

特别地，$G_0\cdot \mathrm{pr}(\mathfrak{b}_q)$ 同构于 $\mathcal{F}l_{n+1}$ 的一个闭子簇.

证明：由公式(6.1)可知，$\mathrm{pr}(\mathfrak{b}_q)$ 是 $\mathfrak{sl}(n+1)$ 的标准 Borel 子代数对应于如下的有序基所定义的完全旗：

$$\mathcal{F}=(\epsilon_1,\cdots,\epsilon_{n-q},\epsilon_{n+1},\epsilon_{n-q+1},\cdots,\epsilon_n)\in \mathcal{F}l_{n+1}.$$

$g\cdot \mathrm{pr}(\mathfrak{b}_q)$ 对应于完全旗

$$g\cdot \mathcal{F}=(g(\epsilon_1),\cdots,g(\epsilon_{n-q}),g(\epsilon_{n+1}),g(\epsilon_{n-q+1})\cdots,g(\epsilon_n)).$$

对任意 $g\in G_0=\mathrm{GL}(n)$，显然有 $g(\epsilon_{n+1})=\epsilon_{n+1}$. 记

$$v_i:=g(\epsilon_i)\in \mathbb{K}^n,i=1,\cdots,n.$$

因此，有序基 $(v_1,\cdots,v_n)$ 定义了 $\mathbb{K}^n$ 上的一个完全旗，即 $g\cdot \mathrm{pr}(\mathfrak{b}_q)$ 对应于有序基 $(v_1,\cdots,v_{n-q},\epsilon_{n+1},v_{n-q+1},\cdots,v_n)$ 所定义的完全旗.

根据 $\mathfrak{sl}(n+1)$ 上 Borel 子代数和完全旗之间的同构可知，$G_0\cdot \mathrm{pr}(\mathfrak{b}_q)\simeq \mathcal{F}l_n$

同构于$\mathcal{F}l_{n+1}$的子簇. 由于$\mathcal{F}l_n$是完备的,所以 $G_0\cdot \mathrm{pr}(\mathfrak{b}_q)$是闭的.

注记 31:完全旗$(v_1,\cdots,v_{n-q},\epsilon_{n+1},v_{n-q+1},\cdots,v_n)\in\mathcal{F}l_{n+1}$只依赖于 $q=0,\cdots,n$,和$(v_1,\cdots,v_n)\in\mathcal{F}l_n$,而不依赖于 v_i 的选择.

综上所述,当 $p\nmid n+1$ 时,为了把所有$\mathcal{B}_{homo,q}$放进同一个空间,显然可以把每个$\mathcal{B}_{homo,q}\simeq G_0\cdot\mathfrak{b}_q$等同于其在$\mathcal{F}l_{n+1}$中的像. 因此,作为$\mathcal{F}l_{n+1}$的子簇,$\mathcal{B}_{homo}$和$\mathcal{B}_{homo,q}$, $q=0,\cdots,n$ 具有簇结构,称为齐次旗簇.

定理 7 是对 $W(n)$ 齐次旗簇的完整几何刻画.

定理 7:

(1)对 $q=0,\cdots,n$, $\mathcal{B}_{homo,q}$ 是一个 G_0-轨道,具有稳定化子 B_+,因而是光滑簇. 进一步,

$$\mathcal{B}_{homo,q}\simeq G_0/B_+\simeq\mathcal{F}l_n.$$

(2)假设 $p\nmid n+1$,那么$\mathcal{B}_{homo}=\bigcup_{q=0}^{n}\mathcal{B}_{homo,q}$同构于$\mathcal{F}l_{n+1}$的闭子簇,具有 $n+1$ 个闭连通分支$\{\mathcal{B}_{homo,0},\cdots,\mathcal{B}_{homo,n}\}$. 精确地讲,对所有 $q=0,\cdots,n$,有

$$\mathcal{B}_{homo,q}\simeq\{(v_1,\cdots,v_{n-q},\epsilon_{n+1},v_{n-q+1},\cdots,v_n)\in\mathcal{F}l_{n+1}\mid(v_1,\cdots,v_n)\in\mathcal{F}l_n\}.$$

第7章　$W(n)$的旗簇及其性质

本章将刻画 $W(n)$的旗簇并初步探讨其性质. 与典型李代数不同,$W(n)$的B-子代数共有 $n+1$ 个共轭类.

我们首先给出 $W(n)$上旗簇的定义. 标准 B-子代数$\mathfrak{b}_i(i=0,\cdots,n)$的构造请参见定义 17.

定义 23: 令 $\mathcal{B}$ 是 $W(n)$的全体 B-子代数构成的集合,记$\mathcal{B}_i$ 是第 i 个 B-子代数的共轭类,$i=0,\cdots,n$,即$\mathcal{B}_i$ 由全体共轭于$\mathfrak{b}_i$ 的 B-子代数构成. 可以证明其上可以定义簇结构,称 $\mathcal{B}$ 为 $W(n)$的旗簇、$\mathcal{B}_i$ 为 $W(n)$的第 i 个旗簇.

7.1　对应$\mathfrak{b}_q$ 的完全旗

本节将用轨道方法分别描述$\mathcal{B}_i$,$i=0,\cdots,n$.

下面的引理是 $W(n)$表示的基本知识,更多 $W(n)$表示的细节可参见[65].

引理 35: $W(n)$自然作用于 $A(n)$,进一步,$0\to(1)\to A(n)\to A(n)/(1)\to 0$ 是 $W(n)$-模的正合列,其中(1)和 $A(n)/(1)$都是 $W(n)$单模.

令 $A(n)_+ := A(n)/(1)$. 为简便起见，在不引起误解的情况下，本书将使用相同的记号分别表示 $A(n)$ 和 $A(n)_+$ 中的元素. 另外，后文中将更多地使用 $W(n)$ 在 $A(n)_+$ 上的作用，而不是在 $A(n)$ 上的作用，即 $\{X^{\underline{a}} \mid \underline{a} \in I^n \setminus \{0\}\}$ 构成 $A(n)_+$ 的一组基.

根据 B-子代数的表示论特性，$W(n)$ 上每个 B-子代数 $\mathfrak{b}$ 的限制表示 ρ 的合成因子都是 1 维的.

反过来，对于表示空间 V 上的任意完全旗 $\mathcal{F}$，子代数 $\mathfrak{h} := \mathrm{Stab}_{W(n)}(\mathcal{F})$ 一定是完全可解的. 但遗憾的是，$\mathfrak{h}$ 不一定是极大的，也不一定包含极大环面，因而不一定是 B-子代数. 事实上，$\mathfrak{h}$ 可以嵌入到 $\mathfrak{gl}(V)$ 的上三角矩阵中，因而 $[\mathfrak{h},\mathfrak{h}]$ 可以嵌入到 $\mathfrak{gl}(V)$ 的严格上三角矩阵，进而幂零，这说明 $\mathfrak{h}$ 是完全可解的.

对任意 $q=0,\cdots,n$，及 $\underline{a},\underline{b} \in I^n$，回顾定义：

$\underline{a} <_q \underline{b}$ 当且仅当 $(a_1,\cdots,a_{n-q}) <_{\mathrm{iglex}} (b_1,\cdots,b_{n-q})$ 或

$(a_1,\cdots,a_{n-q}) = (b_1,\cdots,b_{n-q})$ 且 $(a_{n-q+1},\cdots,a_n) <_{\mathrm{lex}} (b_{n-q+1},\cdots,b_n)$；

$$\mathfrak{b}_q = \langle X^{\underline{a}} \mid 1 \leqslant i \leqslant n, \underline{a} \leqslant_q \epsilon_i \rangle. \tag{7.1}$$

为行文方便，把元素 $x_1^{a_1}\cdots x_n^{a_n} \in A(n)_+$ 记成 $\begin{pmatrix} a_1 \\ \vdots \\ a_n \end{pmatrix}$，记 $s=p^n-1$. 定义 $A(n)_+$ 的完全旗 $\mathcal{F}_q(n)$ 如下：

$$\mathcal{F}_q(n) = (X^{\underline{a}_1},\cdots,X^{\underline{a}_s})\text{，其中 } \underline{a}_i <_q \underline{a}_j \text{ 如果 } i<j. \tag{7.2}$$

利用前文的记号，上述有序基可以写成如下形式：

$$\mathcal{F}_0(n) = \left(\begin{pmatrix} p-1 \\ \vdots \\ p-1 \end{pmatrix}, \begin{pmatrix} p-1 \\ \vdots \\ p-1 \\ p-2 \end{pmatrix}, \cdots, \begin{pmatrix} p-2 \\ p-1 \\ \vdots \\ p-1 \end{pmatrix}, \cdots, \begin{pmatrix} 1 \\ 0 \\ \vdots \\ 0 \end{pmatrix}, \cdots, \begin{pmatrix} 0 \\ \vdots \\ 0 \\ 1 \end{pmatrix} \right),$$

$$\mathcal{F}_n(n)=\left(\begin{pmatrix}1\\0\\\vdots\\0\end{pmatrix},\cdots,\begin{pmatrix}p-1\\0\\\vdots\\0\end{pmatrix},\begin{pmatrix}0\\1\\0\\\vdots\\0\end{pmatrix},\cdots,\begin{pmatrix}p-1\\1\\0\\\vdots\\0\end{pmatrix},\begin{pmatrix}0\\2\\0\\\vdots\\0\end{pmatrix},\cdots,\begin{pmatrix}p-1\\p-1\\p-1\\\vdots\\p-1\end{pmatrix}\right).$$

对 $q=1,\cdots,n-1$，记 $s'=p^{n-q}-1,t'=p^q-1$，

$$\mathcal{F}_0(n-q)=(u_1,\cdots,u_{s'}),\mathcal{F}_q(q)=(w_1,\cdots,w_{t'}),$$

那么

$$\mathcal{F}_q(n)=(u_1,u_1w_1,\cdots,u_1w_{t'},u_2,u_2w_1,\cdots,u_2w_{t'},\cdots,u_{s'}w_1,\cdots,w_{t'}).\quad(7.3)$$

为简便起见，后文中如无特殊说明，简记$\mathcal{F}_q(n)$为$\mathcal{F}_q$，$0\leqslant q\leqslant n$.

引理 36：

(1) $\mathfrak{b}_q=\mathrm{Stab}_{W(n)}(\mathcal{F}_q)$，$q=0,\cdots,n$.

(2) 若$\mathfrak{b}_n=\mathrm{Stab}_{W(n)}(\mathcal{F})$，那么，$\mathcal{F}=\mathcal{F}_n$.

证明：引理 36 中(1)的证明分为以下三种情况：

1) $q=0$.

对任意 $1\leqslant i\leqslant j\leqslant n$，$1\leqslant k\leqslant n$ 及 $\underline{a},\underline{b}\in I^n\setminus\{0\}$ 使 $|\underline{a}|\geqslant 2$，由于

$$\underline{b}+\epsilon_i-\epsilon_j\leqslant_{\mathrm{iglex}}\underline{b}\ \text{且}\ \underline{a}+\underline{b}-\epsilon_k<_{\mathrm{iglex}}\underline{b},$$

故

$$x_i\partial_j\cdot X^{\underline{b}}=b_jX^{\underline{b}+\epsilon_i-\epsilon_j}\ \text{和}\ X^{\underline{b}+\epsilon_i-\epsilon_j}\partial_k\cdot X^{\underline{b}}=b_kX^{\underline{b}+\underline{a}-\epsilon_k}$$

都会落到$\langle X^{\underline{s}}\mid\underline{s}\leqslant_{\mathrm{iglex}}\underline{b}\rangle$. 也就是说，$\mathfrak{b}_0\subseteq\mathrm{Stab}_{W(n)}(\mathcal{F}_0)$.

反之，记 $\tau=(p-1,\cdots,p-1)\in I^n$. 对每个 $D\in\mathrm{Stab}_{W(n)}(\mathcal{F}_0)$，有

$$D\cdot X^{\tau}\in\mathbb{K}X^{\tau}.$$

因此，$D\in W(n)_{(0)}$.

现假设 $D=D_1+D_2$，其中 $D_1\in W(n)_{[0]}$，$D_2\in W(n)_{(1)}$. 对每个 $1\leqslant j\leqslant n$，有

$$D\cdot X^{\epsilon_j}\in\langle X^{\underline{s}}\mid\underline{s}\leqslant_{\mathrm{iglex}}\epsilon_j\rangle.$$

进而有

$$D_1(x_j)\in\langle X^{\epsilon_i}\mid\epsilon_i\leqslant_{\text{iglex}}\epsilon_j\rangle.$$

因此，$D_1\in\langle x_i\partial_j\mid 1\leqslant i\leqslant j\leqslant n\rangle$ 且 $D\in\mathfrak{b}_0$.

2) $q=n$. 显然，$\mathfrak{t}_0\subseteq\mathrm{Stab}_{W(n)}(\mathcal{F}_n)$.

对任意 $X^{\underline{a}}\partial_i$ 使得 $\underline{a}=(a_1,\cdots,a_{i-1},0,\cdots,0)$，由于 $\underline{a}+\underline{b}-\epsilon_i<_{\text{lex}}\underline{b}$ 对全体 $\underline{b}\in I^n\setminus\{0\}$ 均成立，故有

$$X^{\underline{a}}\partial_i\cdot X^{\underline{b}}=b_iX^{\underline{a}+\underline{b}-\epsilon_i}\in\langle X^{\underline{s}}\mid\underline{s}\leqslant_{\text{lex}}\underline{b}\rangle.$$

因此，$\mathfrak{b}_n\subseteq\mathrm{Stab}_{W(n)}(\mathcal{F}_n)$.

反之，对任意

$$D=\sum_{i=1}^{n}f_i\partial_i\in\mathrm{Stab}_{W(n)}(\mathcal{F}_n),$$

有

$$f_i=D\cdot X^{\epsilon_i}\in\langle X^{\underline{s}}\mid\underline{s}\leqslant_{lex}\epsilon_i\rangle=\langle X^{\underline{s}}\mid\underline{s}=(s_1,\cdots,s_{i-1},0,\cdots,0)\in I^n\rangle\oplus\langle x_i\rangle.$$

即 $\mathfrak{b}_n\supseteq\mathrm{Stab}_{W(n)}(\mathcal{F}_n)$.

3) $0<q<n$. 对任意 $\underline{a}=(a_1,\cdots,a_{n-q})\in I^{n-q}$，$\underline{b}=(b_1,\cdots,b_q)\in I^q$，设 $X^{\underline{a}}=x_1^{a_1}\cdots x_{n-q}^{a_{n-q}}\in A(x_1,\cdots,x_{n-q})$，$X^{\underline{b}}=x_{n-q+1}^{b_1}\cdots x_n^{b_q}\in A(x_{n-q+1},\cdots,x_n)$.

显然，$\mathfrak{t}_0\subseteq\mathrm{Stab}_{W(n)}(\mathcal{F}_n)$.

对任意 $1\leqslant i\leqslant n-q$ 及 $X_1^{\underline{a}(i)}X_2^{\underline{b}(i)}\partial_i\in\mathfrak{c}_q(n)$，如下结论成立：

$$X_1^{\underline{a}(i)}\partial_i\in\mathfrak{b}_0(n-q),\text{其中}\underline{a}(i)\neq\epsilon_i.$$

由于对全体 $\underline{a}\in I^{n-q}\setminus\{0\}$，都有 $\underline{a}(i)+\underline{a}-\epsilon_i<_{\text{iglex}}\underline{a}$，因而

$$X_1^{\underline{a}(i)}X_2^{\underline{b}(i)}\partial_i\cdot X_1^{\underline{a}}X_2^{\underline{b}}=a_iX_1^{\underline{a}(i)+\underline{a}-\epsilon_i}X_2^{\underline{b}(i)+\underline{b}}\in\langle X_1^{\underline{s}}X_2^{\underline{t}}\mid\underline{s}\leqslant_{\text{iglex}}\underline{a}\rangle.$$

对 $n-q+1\leqslant i\leqslant n$，$X_1^{\underline{a}(i)}X_2^{\underline{b}(i)}\partial_i\in\mathfrak{c}_q(n)$，有两种情况发生：

- 如果 $\underline{a}(i)\neq 0$，由于 $\underline{a}(i)+\underline{a}<_{\text{iglex}}\underline{a}$ 对任意 $\underline{a}\in I^{n-q}\setminus\{0\}$ 都成立，因而

$$X_1^{\underline{a}(i)}X_2^{\underline{b}(i)}\partial_i\cdot X_1^{\underline{a}}X_2^{\underline{b}}=b_{i-n+q}X_1^{\underline{a}(i)+\underline{a}}X_2^{\underline{b}(i)+\underline{b}-\epsilon_{i-n+q}}\in\langle X_1^{\underline{s}}X_2^{\underline{t}}\mid\underline{s}\leqslant_{\text{iglex}}\underline{a}\rangle.$$

• 如果 $\underline{a}(i)=0$,那么 $\underline{b}=(b_1,\cdots,b_{i-n+q-1},\cdots,0)$. 由于 $\underline{b}(i)+\underline{b}-\epsilon_{i-n+q}<_{\text{lex}}\underline{b}$ 对任意 $\underline{a}\in I^{n-q}\setminus\{0\}$ 都成立,因此

$$X_1^{\underline{a}(i)}X_2^{\underline{b}(i)}\partial_i\cdot X_1^{\underline{a}}X_2^{\underline{b}}=b_{i-n+q}X_1^{\underline{a}(i)+\underline{a}}X_2^{\underline{b}(i)+\underline{b}-\epsilon_{i-n+q}}\in\langle X_1^{\underline{a}}X_2^{\underline{t}}\mid\underline{t}\leqslant_{\text{lex}}\underline{b}\rangle.$$

综上所述,$\mathfrak{b}_q\subseteq\text{Stab}_{W(n)}(\mathcal{F}_q)$.

反之,假设 $D=\sum_{i=1}^{n}f_i\partial_i\in\text{Stab}_{W(n)}(\mathcal{F}_q)$.

根据$\mathcal{F}_q$ 的定义,如下结论成立:

• 对任意 $1\leqslant i\leqslant n-q$,有

$$f_i=D\cdot X^{\epsilon_i}\in\langle X_1^{\underline{s}}X_2^{\underline{t}}\mid\underline{s}\leqslant_{\text{iglex}}\epsilon_i\rangle\oplus\langle x_i\rangle.$$

• 对任意 $n-q+1\leqslant i\leqslant n$,有

$$f_i=D\cdot X^{\epsilon_i}\in\langle X_1^{\underline{s}}X_2^{\underline{t}}\mid\text{要么}\,\underline{s}\neq0,\text{要么}\,\underline{s}=0,\underline{t}\leqslant_{\text{lex}}\epsilon_i\rangle\oplus\langle x_i\rangle.$$

因此,$D\in\mathfrak{b}_q$,进而有$\mathfrak{b}_q\supseteq\text{Stab}_{W(n)}(\mathcal{F}_q)$.

综上所述,$\mathfrak{b}_q=\text{Stab}_{W(n)}(\mathcal{F}_q)$对全体 $0\leqslant q\leqslant n$ 均成立.

引理 36 中(2)的证明:设$\mathcal{F}_n=(v_1,\cdots,v_s)$,其中 $v_i=X^{\underline{a}_i}$.

对每个 $\underline{a}=(a_1,\cdots,a_n)<_{\text{lex}}\underline{b}=(b_1,\cdots,b_n)$,存在 $1\leqslant k\leqslant n$,使得

$$a_k<b_k,a_{k+1}=b_{k+1},\cdots,a_n=b_n.$$

进而,

$$(x_1^{a_1}\cdots x_{k-1}^{a_{k-1}}\partial_k)\partial_k^{b_k-a_k-1}\partial_{k-1}^{b_{k-1}}\cdots\partial_1^{b_1}\cdot X^{\underline{b}}=cX^{\underline{a}},$$

其中 $c=b_1!\cdots b_k!/a_k!\in\mathbb{K}$. 因此,作为$\mathfrak{b}_n$-模,

$$\text{rad}^iA(n)_+=\langle v_1,\cdots,v_{s-i}\rangle$$

对全体 $1\leqslant i\leqslant s$ 都成立. 这说明,作为$\mathfrak{b}_n$-模,$A(n)_+$是单列的,由此引理 36 成立.

注记 32:对于 $q=0,\cdots,n-1$,$A(n)_+$不是单列$\mathfrak{b}_q$-模.

例 4:在 $W(1)$中,我们有$\mathfrak{b}_i=\text{Stab}_{W(1)}(\mathcal{F}_i)$,$i=0,1$,其中$\mathcal{F}_0=(x^{p-1},\cdots,x^2,x)$及$\mathcal{F}_1=(x,x^2,\cdots,x^{p-1})$.

注记 33:在文献[85]中,舒斌定义了 $W(n)$的齐次 Borel 子代数与标准齐次

Borel 子代数 $B_0,\cdots,B_n$,注记将描述这些 Borel 子代数对应的 $A(n)_+$中完全旗或部分旗的情况. 值得注意的是,不同的 Borel 子代数 B_q 的情况略有不同.

(1)由于 B_0 可三角化,所以 $B_0=\mathfrak{b}_0=\mathrm{Stab}_{W(n)}(\mathcal{F}_0)$.

(2)断言:$B_n=\mathrm{Stab}_{W(n)}(\mathcal{P})$,其中$\mathcal{P}=\{0\subseteq V_1\subseteq\cdots\subseteq V_{n(p-1)}\}$是 $A(n)_+$上的部分旗,其定义如下:

$$V_i=\begin{cases}V_{i-1}\oplus\langle x_1^i\rangle, i=1,\cdots,p-1;\\ V_{i-1}\oplus\langle x_1^{a_1}x_2^{i-(p-1)}\mid a_1\in I\rangle, i=p,\cdots,2(p-1);\\ V_{i-1}\oplus\langle x_1^{a_1}x_2^{a_2}x_3^{i-2(p-1)}\mid a_1,a_2\in I\rangle, i=2(p-1),\cdots,3(p-1);\\ \cdots\cdots\end{cases}$$

事实上,$B_n\subseteq\mathrm{Stab}_{W(n)}(\mathcal{P})$可以由计算直接得到. 接下来我们将着重检查反过来的情形.

易验证,如果 $D,E\in\mathrm{Stab}_{W(n)}(\mathcal{P})$,那么 $D+E\in\mathrm{Stab}_{W(n)}(\mathcal{P})$.

$\forall D_0:=\sum_{s=1}^{n}f_s\partial_s\in\mathrm{Stab}_{W(n)}(P)$,由$\mathrm{Stab}_{W(n)}(\mathcal{P})$的定义可知

$$f_1=D_0(x_1)\in\langle 1,x_1\rangle.$$

令 $D_1:=D_0-f_1\partial_1$,则$f_1\partial_1$ 属于$\mathrm{Stab}_{W(n)}(\mathcal{P})$且 D_1 也属于$\mathrm{Stab}_{W(n)}(\mathcal{P})$.

进而,

$$D_1(x_2)=f_2\in\langle x_1^a x_2^b\mid a=0,\cdots,p-1;b=0,1\rangle.$$

对任意 $s=1,\cdots,n-1$,定义 $D_s:=D_0-f_1\partial_1-\cdots-f_s\partial_s$. 采用上述相同的论证方式可知:

$$f_{s+1}\in\langle x_1^{a_1}\cdots x_s^{a_s}x_{s+1}^b\mid a_i=0,\cdots,p-1,\text{对所有 }i=1,\cdots,s;b=0,1\rangle.$$

根据 B_n 的定义,$D\in B_n$,即$\mathrm{Stab}_{W(n)}(\mathcal{P})\subseteq B_n$.

断言得证.

(3)论断:如果 $q\neq 0,n$,那么不存在 $A(n)_+$中的任何旗$\mathcal{F}$使得

$$B_q=\mathrm{Stab}_{W(n)}(\mathcal{F}).$$

为方便起见,我们约定如下记号:

$$B_0^{(n-p)}:=B_0(x_1,\cdots,x_{n-p}),B_q^{(q)}:=B_q(x_{n-q+1},\cdots,x_n),$$

x_i^∞ 是指任何可能出现的 x_i 的幂次.

根据[85]的构造,$B_q=B_0^{(n-p)}\oplus Q_q\oplus B_q^{(q)}$.

我们首先需要获得 B_q 模的一个特别性质. 假设 $V\subseteq A(n)_+$是 $A(n)_+$的一个 B_q 真子模,任取$f\in V$,由于$\{\partial_{n-q+1},\cdots,\partial_n\}\subset B_q$,因而可以假设$f\in A[x_1,\cdots,x_{n-p}]_+$ 或者$f\in A[x_{n-q+1},\cdots,x_n]_+$. 进一步地,由于$\mathfrak{t}_0\subseteq B_q$,可以假设在$\mathfrak{t}_0$ 的作用下,f 的权为$(k_1,\cdots,k_n)\in\mathbb{F}_p^n$.

(ⅰ)如果$f\in A[x_1,\cdots,x_{n-p}]_+$,那么存在 $1\leqslant i\leqslant n-q$,使得

$$x_ix_n\partial_i(f)=k_ifx_n\neq0,$$

$$x_ix_n\partial_i^s(f)=k_i^sfx_n^s\neq0,s=0,\cdots,p-1.$$

注意到 $x_ix_n\partial_i\in Q_q\subseteq B_q$,我们有

$$fx_n^\infty\in V.$$

(ⅱ)如果$f\in A[x_{n-q+1},\cdots,x_n]_+$,那么存在 $n-q+1\leqslant j\leqslant n$ 和 $0\leqslant s\leqslant p-1$,使得

$$x_1x_j^s\partial_j(f)=k_jx_1f'x_j^{s+k_j-1}\neq0.$$

其中$f'\in A[x_{n-q+1},\cdots,\hat{x}_j,\cdots,x_n]$.

注意到 $x_1x_j^s\partial_j\in Q_q\subseteq B_q$,可知 $x_1f'x_j^{s+k_j-1}\in V$,(1)中的论述依然成立.

因此,$x_1f'x_j^\infty\in V$.

无论是哪种情形,都存在 $n-q+1\leqslant j\leqslant n$ 和 $g\in A[x_1,\cdots,\hat{x}_j,\cdots,x_n]$,使得$\langle gx_j^s\mid s=0,\cdots,p-1\rangle\subseteq V$.

接下来验证旗的情形. 假设$\mathcal{F}$是 $A(n)_+$的旗,使 $B_q=\mathrm{Stab}_{W(n)}(\mathcal{F})$,其中 $F=(0\subseteq V_1\subseteq V_2\subseteq\cdots)$. 特别地,全体 V_i 都是非平凡 B_q 模. 因此,如果交替利用(ⅰ)和(ⅱ)的方法,对某个 $n-q+1\leqslant j\leqslant n$,只要存在 $gx_j^s\in V_i$,就有$\langle gx_j^k\mid s=0,\cdots,p-1\rangle\subseteq V_i$,这对于所有 i 都成立.

作为推论,$\langle x_j^s\partial_j \mid s=0,\cdots,p-1\rangle\subseteq \mathrm{Stab}_{W(n)}(\mathcal{F})=B_q$,注意到这是个半单李代数,与 B_q 的可解性矛盾,因而假设不成立,即论断成立.

7.2　$\mathfrak{b}_q$ 在 G 中的稳定化子

引理 37:$g(D(f))=g(D)g(f)$, $\forall g\in G, D\in W(n), f\in A(n)_+$.

证明:首先假设 $D=\partial_i$,其中 $i=1,\cdots,n$.

$$\begin{aligned}g(\partial_i(f))g(\partial_j)&=g(\partial_i(f)\partial_j)=g([\partial_i,f\partial_j])\\&=[g(\partial_i),g(f\partial_j)]=[g(\partial_i),g(f)g(\partial_j)]\\&=g(\partial_i)(g(f))g(\partial_j)+g(f)[g(\partial_i),g(\partial_j)]\\&=g(\partial_i)(g(f))g(\partial_j)+g(f)g([\partial_i,\partial_j])\\&=g(\partial_i)(g(f))g(\partial_j).\end{aligned}$$

上式对所有 $j=1,\cdots,n$ 成立. 因此,根据性质 3,有

$$[g(\partial_i(f))-g(\partial_j)(g(f))]J(g)^{-1}\begin{pmatrix}\partial_1\\ \vdots\\ \partial_n\end{pmatrix}$$

$$=[g(\partial_i(f))-g(\partial_j)(g(f))]g\begin{pmatrix}\partial_1\\ \vdots\\ \partial_n\end{pmatrix}=0.$$

由于 $J(g)^{-1}$ 可逆,对于 $D=\partial_i$ 的情形,引理成立.

一般地,如果 $D=\sum f_i\,\partial_i$,那么

$$g(D(f))=g(\sum f_i\partial_i(f))$$

$$= \sum g(f_i)g(\partial_i(f))$$

$$= \sum g(f_i)g(\partial_i)(g(f))$$

$$= \sum g(f_i\partial_i)(g(f))$$

$$=g(D)(g(f)).$$

引理 38:设 $\mathfrak{b}=\mathrm{Stab}_{W(n)}(\mathcal{F})$,那么 $\forall g\in G$,有 $g(\mathfrak{b})=\mathrm{Stab}_{W(n)}(g\cdot\mathcal{F})$.

证明:令 $\mathcal{F}=(v_1,\cdots,v_s)$. $\forall D\in\mathfrak{b},i=1,\cdots,s$,有

$$g(D)(g(v_i))=g(D(v_i))\in g(\oplus_{j=1}^{i}\mathbb{K}v_j)=\oplus_{j=1}^{i}\mathbb{K}g(v_j).$$

注意到 $g(\mathcal{F})=(g(v_1),\cdots,g(v_s))$,因此,

$$g(D)\subseteq\mathrm{Stab}_{W(n)}(g\cdot\mathcal{F}),$$

$$g(\mathfrak{b})\subseteq\mathrm{Stab}_{W(n)}(g\cdot\mathcal{F}).$$

$\forall D\in\mathrm{Stab}_{W(n)}(g\cdot\mathcal{F})$,有 $D(g\cdot\mathcal{F})=g\cdot\mathcal{F}$. 根据引理 37,

$$g(g^{-1}D)(v_i)=D(g\cdot v_i)\in\oplus_{j=1}^{i}\mathbb{K}g\cdot v_j.$$

由于 g 可逆,所以$g^{-1}(D)(v_i)\in\oplus_{j=1}^{i}\mathbb{K}v_j$ 对所有 $i=1,\cdots,s$,都成立.

进一步地,$g^{-1}(D)\in\mathrm{Stab}_{W(n)}(\mathcal{F})=\mathfrak{b}$,且 $g(\mathfrak{b})\supseteq\mathrm{Stab}_{W(n)}(g\cdot\mathcal{F})$.

引理 39:设 $G_1<G$. 那么$\mathrm{Stab}_{G_1}(\mathcal{F}_q)\subseteq\mathrm{Stab}_{G_1}(\mathfrak{b}_q)$,$0\leqslant q\leqslant n$. 进一步,

$$\mathrm{Stab}_{G_1}(\mathcal{F}_n)=\mathrm{Stab}_{G_1}(\mathfrak{b}_n).$$

证明:$\forall g\in\mathrm{Stab}_{G_1}(\mathcal{F}_q)$ i. e. $g\cdot\mathcal{F}_q=\mathcal{F}_q$,则有

$$g\cdot\mathfrak{b}_q=\mathrm{Stab}_{G_1}(g\cdot\mathcal{F}_q)=\mathrm{Stab}_{G_1}(\mathcal{F}_q)=\mathfrak{b}_q.$$

进一步地,由引理 36 可知,$\mathcal{F}_n$ 是唯一具有稳定化子$\mathfrak{b}_n$ 的完全旗. $\forall h\in G_1$,$h\cdot\mathcal{F}_n$ 是唯一具有稳定化子 $h\cdot\mathfrak{b}_n$ 的完全旗. 因此,

$$h\cdot\mathfrak{b}_n=\mathfrak{b}_n\Leftrightarrow h\cdot\mathcal{F}_n=\mathcal{F}_n.$$

定义 24:对 $q=0,\cdots,n$,定义:

$$N_q:=\mathrm{Stab}_G(\mathfrak{b}_q)=\mathrm{Stab}_G(F_q),$$

$$U_q:=\mathrm{Stab}_U(\mathfrak{b}_q)=\mathrm{Stab}_U(F_q).$$

引理 40：对任意 $q=0,\cdots,n$，及 $X\in\{\mathfrak{b},\mathcal{F}\}$，下列结论成立：

(1) $\mathrm{Stab}_{G_0}(X_q)=B_+$.

(2) $\mathrm{Stab}_G(X_q)=\mathrm{Stab}_{G_0}(X_q)\ltimes\mathrm{Stab}_U(X_q)$.

证明：(1)由引理 32 可知，$\mathrm{Stab}_{G_0}(\mathfrak{b}_q)=B_+$.

对任意 $g\in B_+$，我们有 $g\cdot x_j\in\langle x_1,\cdots,x_j\rangle$，对全体 $j=1,\cdots,n$ 均成立. 直接计算可知

$$g\cdot u_iw_j\in\mathbb{K}u_iw_j\oplus\langle u_\alpha w_\beta\mid u_\alpha<_{\mathrm{iglex}}u_i\rangle\oplus\langle u_iw_\beta\mid w_\beta<_{\mathrm{lex}}w_j\rangle.$$

因此，根据引理 39，

$$B_+\subseteq\mathrm{Stab}_{G_0}(\mathcal{F}_q)\subseteq\mathrm{Stab}_{G_0}(\mathfrak{b}_q)=B_+.$$

(2)对任意 $g_0\in\mathrm{Stab}_{G_0}(X_q)$，$u\in\mathrm{Stab}_U(X_q)$，有

$$(g_0\cdot u)\cdot X_q=g_0(u(X_q))=g_0(X_q)=X_q.$$

因此，$\mathrm{Stab}_G(X_q)\supseteq\mathrm{Stab}_{G_0}(X_q)\ltimes\mathrm{Stab}_U(X_q)$.

反之，假设 $g=g_0\cdot u\in\mathrm{Stab}_G(X_q)$，其中 $g_0\in G_0$，$u\in U$.

• 对于 $X=\mathfrak{b}$，

$$\mathfrak{b}_q=\mathrm{gr}(\mathfrak{b}_q)=\mathrm{gr}(g\cdot\mathfrak{b}_q)=g_0\cdot\mathfrak{b}_q,$$

其中 gr 是滤过李代数 $W(n)$ 上的阶化函子.

因此，$g_0\in\mathrm{Stab}_G(\mathfrak{b}_q)$. 由于 $u\cdot\mathfrak{b}_q=(g_0)^{-1}\cdot\mathfrak{b}_q=\mathfrak{b}_q$，显然，

$$u\in\mathrm{Stab}_G(\mathfrak{b}_q).$$

因此，

$$\mathrm{Stab}_G(\mathfrak{b}_q)\subseteq\mathrm{Stab}_{G_0}(\mathfrak{b}_q)\ltimes\mathrm{Stab}_U(\mathfrak{b}_q).$$

• 对于 $X=\mathcal{F}$，由引理 39 可知，$\mathrm{Stab}_{G_1}(\mathcal{F}_q)\subseteq\mathrm{Stab}_{G_1}(\mathfrak{b}_q)$.

因此，

$$g_0\in B_+=\mathrm{Stab}_{G_0}(\mathcal{F}_q),u\cdot\mathcal{F}_q=(g_0)^{-1}\cdot\mathcal{F}_q=\mathcal{F}_q.$$

引理 41：$U_0=U$，$N_0=B_+\ltimes U$. 进而，$\mathcal{B}_0\simeq\mathrm{GL}(n)/\mathcal{B}_+\simeq\mathcal{F}l_n$，其中 $\mathcal{F}l_n$ 表示 $\mathfrak{gl}(n)$ 的旗簇.

证明:由于 U 保持滤过子空间 $W(n)_{(i)}$ 且在商空间 $W(n)_{(i)}/W(n)_{(i-1)}$ 中具有平凡作用,故命题成立.

性质 18:对一般的 $q=1,\cdots,n$,下列结论成立:

(1) $\mathrm{Stab}_U(\mathcal{F}_q)=\{\phi: x_i \mapsto x_i+\mu_i \mid \mu_i \in \langle X^{\underline{a}} \mid \underline{a}<_q \epsilon_i\rangle \cap A(n)_{(2)}\}$.

(2) $U_q=\mathrm{Stab}_U(\mathcal{F}_q)$.

证明:(1)把右边的集合记作 S.

对任意 $\varphi \in \mathrm{Stab}_U(\mathcal{F}_q)$ 使 $\varphi(x_i)=x_i+\mu_i, i=1,\cdots,n$,显然,

$$\varphi(x_i)\in\langle X^{\underline{a}} \mid \underline{a}<_q \epsilon_i\rangle.$$

由于 $\varphi \in U$,所以 $\mu_i \in A(n)_{(2)}$. 因此,$\varphi \in S$,$\mathrm{Stab}_U(\mathcal{F}_q)\in S$.

反之,假设 $\varphi \in S$,使 $\varphi(x_i)=x_i+\mu_i, i=1,\cdots,n$.

对每个 $i\in\mathbb{N}$,设

$$W_i=\left\langle X^{\underline{a}}\in A(n)_+ \;\middle|\; \sum_{j=1}^{n-q} a_j \geqslant i\right\rangle.$$

可以证明,W_i 是 $A(n)_+$的一个$\mathfrak{b}_q$-子模.

由 S 的定义知,$\mu_i=f_i+g_i$,其中

$$f_i\in\sum_{j=1}^{i-1} x_j A(x_{n-q+1},\cdots,x_n)_{(1)}, g_i\in W_2, 1\leqslant i\leqslant n-q;$$

$$f_i\in A(x_{n-q+1},\cdots,x_{i-1})_{(1)}, g_i\in W_1, n-q+1\leqslant i\leqslant n.$$

继续沿用前文关于$\mathcal{F}_q$ 的记号. 对每个 i,j,假设

$$u_i=x_1^{a_{i1}}\cdots x_{n-q}^{a_{i,n-q}}, w_j=x_{n-q+1}^{b_{j1}}\cdots x_n^{b_{jq}}.$$

那么

$$\begin{aligned}\varphi(u_iw_j)&=\prod_{k=1}^{n-q}(x_k+f_k+g_k)^{a_{ik}}\prod_{k=1}^{q}(x_{n-q+k}+f_{n-q+k}+g_{n-q+k})^{b_{jk}}\\&\in\langle u_\alpha w_\beta \mid u_\alpha <_{\mathrm{iglex}} u_i\rangle \oplus \mathbb{K}u_i\prod_{k=1}^{q}(x_{n-q+k}+f_{n-q+k})^{b_{jk}}\\&\subseteq \mathbb{K}+\langle u_\alpha w_\beta \mid u_\alpha <_{\mathrm{iglex}} u_i\rangle+\langle u_\alpha w_\beta \mid w_\beta <_{\mathrm{lex}} w_j\rangle.\end{aligned}$$

根据$\mathcal{F}_q$ 的定义,$\varphi\in \mathrm{Stab}_U(\mathcal{F}_q)$,即 $S\subseteq \mathrm{Stab}_U(\mathcal{F}_q)$.

(2)对任意 $\underline{b}=(b_1,\cdots,b_q)\in I^q$,记

$$X_2^{\underline{b}}=x_{n-q+1}^{b_1}\cdots x_n^{b_q}.$$

在滥用记号的情形下,$\mathfrak{b}_q$-模 $A(n)_+/W_2$ 有基

$$\{x_i^{r_i}X_2^{\underline{b}}\mid i=1,\cdots,n-q,r_i=0,1,\underline{b}\in I^q\}\setminus\{1\}.$$

对任意 $x_i^{r_i}X_2^{\underline{b}_1}<_q x_j^{r_j}X_2^{\underline{b}_2}$,下列情形之一将成立:

1)$r_i=1,r_j=0,\underline{b}_2\neq 0$. 此时存在 $k\in\{n-q+1,\cdots,n\}$和$\{\partial_{n-q+1},\cdots,\partial_n\}$中的一系列算子 $D_1,\cdots,D_m$ 使得

$$D_m\cdots D_1(X_2^{\underline{b}_2})=cx_k,c\in\mathbb{K}^*.$$

注意到,$c^{-1}x_iX_2^{\underline{b}_1}\partial_k\in\mathfrak{b}_q$,

$$(c^{-1}x_iX_2^{\underline{b}_1}\partial_k)D_m\cdots D_1(X_2^{\underline{b}_2})=x_iX_2^{\underline{b}_1}.$$

2)$r_i=r_j=1,i<j$. 如果 $\underline{b}_2=0$,那么

$$(x_iX_2^{\underline{b}_1}\partial_j)\cdot x_j=x_iX_2^{\underline{b}_1}.$$

由于 $i<j\leqslant n-q$,有 $x_iX_2^{\underline{b}_1}\partial_j\in\mathfrak{b}_q$.

如果 $\underline{b}_2\neq 0$,那么存在 $D_1,\cdots,D_m\in\mathfrak{b}_q$ 使得

$$D_m\cdots D_1(x_jX_2^{\underline{b}_2})=cx_j,c\in\mathbb{K}^*.$$

进而,

$$(x_iX_2^{\underline{b}_1}\partial_j)\cdot x_j=x_iX_2^{\underline{b}_1}.$$

3)$x_i^{r_i}=x_j^{r_j},\underline{b}_1<_{\mathrm{lex}}\underline{b}_2$. 根据引理36(2)的证明,存在 $D_1,\cdots,D_m\in\mathfrak{b}_q$,使得

$$D_m\cdots D_1(x_jX_2^{\underline{b}_2})=x_iX_2^{\underline{b}_1}.$$

类似引理36(2)的证明可知,$\mathfrak{b}_q$-模 $A(n)_+/W_2$ 是单列的.

任意 $A(n)_+$的完全旗

$$\mathcal{F}=(0\subseteq V_1\subseteq\cdots\subseteq V_s=A(n)_+),$$

定义 $A(n)_+/W_2$ 的完全旗如下：

$$\mathcal{F}/W_2:=(0\subseteq(V_1+W_2)/W_2\subseteq\cdots\subseteq(V_s+W_2)/W_2=A(n)_+/W_2).$$

对每个具有性质 $\mathfrak{b}_q=\mathrm{Stab}_{W(n)}(\mathcal{F})$ 的完全旗 $\mathcal{F}$，根据 $\mathfrak{b}_q$-模 $A(n)_+/W_2$ 的单列性，我们有

$$\mathcal{F}/W_2=\mathcal{F}_q/W_2.$$

对任意 $g\in U_q$，$D\in W(n)$，及 $f\in A(n)_+$，显然有 $g(D\cdot f)=(g\cdot D)(g\cdot f)$. 由 $\mathfrak{b}_q\cdot W_2=W_2$ 可知

$$\mathfrak{b}_q(g\cdot W_2)=(g\cdot\mathfrak{b}_q)(g\cdot W_2)=g(\mathfrak{b}_q\cdot W_2)=g\cdot W_2.$$

因此，$\mathfrak{b}_q$ 稳定 $g\cdot W_2$.

由 $\langle\partial_{n-q+1},\cdots,\partial_n\rangle\subseteq\mathfrak{b}_q$ 可知，$g\cdot W_2=W_2$.

否则，如果 $f=f_1+f_2\in g\cdot W_2\backslash W_2$，其中

$$0\neq f_1\in\langle x_i^{r_i}X_2^{\underline{b}}\mid 1\leqslant i\leqslant n-q,r_i=0,1,\underline{b}\in I^q\rangle,f_2\in W_2,$$

那么存在 $\{\partial_{n-q+1},\cdots,\partial_n\}$ 中的一系列算子 $D_1,\cdots,D_m$ 使得

$$0\neq D_m\cdots D_1(f_1)\in\langle x_1,\cdots,x_n\rangle.$$

因此，

$$D_m\cdots D_1(f)\in A(n)_{(1)}\backslash A(n)_{(2)}.$$

但这与 $g\in U_q\subseteq U$ 保持 $A(n)_{(2)}$ 的事实矛盾.

这说明，g 稳定 $A(n)_+/W_2$ 和 $\mathcal{F}_q/W_2$. 对全体 $i=1,\cdots,n$，

$$g\cdot x_i\in x_i+\langle x_i^{r_i}X_2^{\underline{b}}\mid x_i^{r_i}X_2^{\underline{b}}<_q x_i\rangle+W_2.$$

由(1)知，$U_q\subseteq\mathrm{Stab}_U(\mathcal{F}_q)$；反之，由引理 39 可知，$U_q\supseteq\mathrm{Stab}_U(F_q)$. 性质得证.

注记 34： 当 q 取不同的值时，可以得到如下一些具体结果：

当 $q=0$ 时，$U_0=U$. 这与前面的结果相符合.

当 $q=n$ 时，$\varphi\in U_n$ 当且仅当

$$\varphi(x_i)=\begin{cases}x_i, & \text{if}\quad i=1\\ x_i+f_i,f_i\in A(x_i,\cdots,x_{i-1})_{\geqslant 2}, & \text{if}\quad i=2,\cdots,n\end{cases}.$$

作为推论,每个旗簇的维数可以计算得到.

推论 15: 对全体 $q=0,\cdots,n$,令 $d_q:=\dim(U\cdot\mathfrak{b}_q)$.

(1) $\dim(U_q)=n(p^{n-q}-1)p^q+\frac{1-p^q}{1-p}-\frac{(n-q)(n+q+1)}{2}p^q+(n-q)(q+1)-\frac{n(n+1)}{2}$.

(2) $d_q=\frac{n^2+3n-q^2-q}{2}p^q+\frac{n(n+1)}{2}-(n-q)(q+1)-\frac{1-p^q}{1-p}$.

证明: 第一个等式直接计算即可. 第二个等式来自于以下事实:

$$d_q=\dim U-\dim U_q.$$

注记 35: 特别地,取 $q=0,n$,有

$$\dim(U_0)=np^n-n-n^2,d_0=0;$$

$$\dim(U_n)=\frac{1-p^n}{1-p}-\frac{n(n+1)}{2},d_n=np^n-\dim(U_n).$$

推论 16: 对任意 $q=0,\cdots,n$,如下结论成立:

(1) $N_q=B_+\ltimes U_q$.

(2) $\mathrm{Lie}(N_q)=\mathfrak{b}_q\cap W(n)_{(0)}$.

证明: (1)可由引理 40 和性质 18 得到. 进一步,

$$\mathfrak{b}_q\cap W(n)_{(0)}\subseteq\mathrm{Lie}(N_q).$$

由推论 15 可知

$$\dim N_q=\dim U_q+\frac{n(n+1)}{2}=\dim\mathfrak{b}_q-q=\dim(\mathfrak{b}_q\cap W(n)_{(0)}).$$

推论 16(2)得证.

注记 36: 特别地,$W(2)$共有 3 个 B-子代数的共轭类,代表元分别是$\mathfrak{b}_0$、$\mathfrak{b}_1$和$\mathfrak{b}_2$. 同时,

$$\dim(U\cdot\mathfrak{b}_0)=0,$$

$$\dim(U\cdot\mathfrak{b}_1)=3p-5,$$

$$\dim(U\cdot\mathfrak{b}_2)=2p^2-p-4.$$

7.3 $\mathcal{B}$的簇结构

记 $\dim(\mathfrak{b}_q)=r_q$. 易知$\mathcal{B}_q=G\cdot\mathfrak{b}_q$ 和 $G\cdot\mathcal{F}_q$ 分别是 $\mathrm{Grass}(r_q,W(n))$和$\mathcal{F}l_s$, $s=p^n-1$ 的子集,从而具有簇结构. 在这一节中,我们通过研究旗簇与齐次旗簇之间的关系,试图初步描述旗簇.

注意到,$W(n)$的任何 B-子代数都是滤过的(参见引理 30),而对于滤过李代数 L,我们都可以定义阶化函子:

$$\mathrm{gr}:L\to\mathrm{gr}(L):=\bigoplus_i L_{\geqslant i}/L_{\geqslant i+1}.$$

引理 42:如下两个函子的定义良好:

$$\mathrm{gr}:\mathcal{B}\to\mathcal{B}_{homo},$$

$$\mathrm{gr}:\mathcal{B}_q\to\mathcal{B}_{homo,q},\text{对所有 } q=0,\cdots,n \text{ 都成立.}$$

证明:根据 B-子代数的分类定理,同时注意到

$$\mathrm{gr}\cdot g_0\cdot u=\mathrm{gr}\cdot g_0=g_0\cdot\mathrm{gr}$$

对所有$g_0\in G_0,u\in U$ 都成立,因而引理成立.

显然轨道映射 $\gamma^q:G\to G\cdot\mathfrak{b}_q$ 和 $\delta^q:G\to G\cdot\mathcal{F}_q$ 可以分别分解为双射 $G/N_q\to G\cdot\mathfrak{b}_q$ 和 $G/N_q\to G\cdot\mathcal{F}_q$.

如果$\mathcal{F}_q=(v_1,\cdots,v_s)$,定义 $V_i=\langle v_1,\cdots,v_i\rangle$,

$$\mathrm{Stab}_{\mathrm{Lie}(G)}(\mathcal{F}_q)=\{x\in\mathrm{Lie}(G)\mid x\cdot v_i\in V_i,\forall i\}.$$

引理 43:$\ker d\gamma_1^q=\mathrm{Stab}_{\mathrm{Lie}(G)}(\mathfrak{b}_q)$,$\ker d\delta_1^q=\mathrm{Stab}_{\mathrm{Lie}(G)}(\mathcal{F}_q)$.

证明:[70]中引理 4.8 的证明对于 γ^q 依然有效. 因此,

$$\ker d\gamma_1^q = \mathrm{Stab}_{\mathrm{Lie}(G)}(\mathfrak{b}_q).$$

为简便起见，证明中将简记 $W=A(n)_+$，$\delta=\delta^q$. 注意到$\mathcal{F}_q$ 是

$$\mathrm{Grass}(1,W)\times\cdots\times\mathrm{Grass}(s,W)$$

的闭子簇，我们把它看成 δ 的像集. 令$(W^{\times i})^\circ$是 $W^{\times i}$ 中由全体线性无关的 i-数组构成的开子集. 那么，$\delta=\phi\circ\tilde{\delta}$，其中 $\tilde{\delta}=\prod_{i=1}^{s}\tilde{\delta}^i$，$\phi=\prod_{i=1}^{s}\phi^i$，定义为

$$\tilde{\delta}^i: G\to(W^{\times i})^\circ, g\mapsto(g\cdot v_1,\cdots,g\cdot v_i),$$

以及 $\phi^i:(W^{\times i})^\circ\to\mathrm{Grass}(i,W)$ 标准投影映射.

[70]中引理 4.8 的证明对于 $\phi^i\circ\tilde{\delta}^i$ 依然有效. 因此，对所有 $1\leqslant i\leqslant s$，

$$\ker d(\phi^i\circ\tilde{\delta}^i)_1=\{x\in\mathrm{Lie}(G)\mid(x\cdot v_1,\cdots,x\cdot v_i)\in V_i^{\times i}\}.$$

由此可知，引理成立.

性质 19：对所有 $q=0,\cdots,n$，γ^q 和 δ^q 同构. 特别地，有簇同构

$$\mathcal{B}_q\simeq G/N_q\simeq G\cdot\mathcal{F}_q.$$

证明：由引理 43 及文献[6]中的性质 6、7 可知，γ^q 和 δ^q 是同构映射分别等价于

$$\mathrm{Stab}_{\mathrm{Lie}(G)}(\mathfrak{b}_q)\subseteq\mathrm{Lie}(N_q)\text{ 和 }\mathrm{Stab}_{\mathrm{Lie}(G)}(\mathcal{F}_q)\subseteq\mathrm{Lie}(N_q).$$

由于

$$\mathrm{Stab}_{W(n)}(\mathcal{F}_q)=\mathfrak{b}_q\subseteq\mathrm{Stab}_{W(n)}(\mathfrak{b}_q),$$

因此，

$$\mathrm{Stab}_{\mathrm{Lie}(G)}(\mathcal{F}_q)=\mathfrak{b}_q\cap\mathrm{Lie}(G)\subseteq\mathrm{Stab}_{\mathrm{Lie}(G)}(\mathfrak{b}_q).$$

注意到$\mathfrak{t}_0$ 在 $\mathrm{Stab}_{W(n)}(\mathfrak{b}_q)$ 上有伴随作用. 因此，$\mathrm{Stab}_{W(n)}(\mathfrak{b}_q)\subseteq\mathfrak{b}_q$. 进一步地，由于$\mathfrak{b}_q$ 是阶化的，根据推论 16，

$$\mathrm{Stab}_{\mathrm{Lie}(G)}(\mathfrak{b}_q)=\mathrm{Stab}_{W(n)}(\mathfrak{b}_q)\cap\mathrm{Lie}(G)\subseteq\mathfrak{b}_q\cap W(n)_{(0)}=\mathrm{Lie}(N_q).$$

注记 37：类似地，对任意 $q=0,\cdots,n$，如下同构同样成立：

(1) $U\cdot\mathfrak{b}_q\simeq U/U_q$.

(2) $G\cdot\mathcal{F}_q\simeq G_0/B_+$.

推论 17: 对每个 $q=0,\cdots,n$, $\mathcal{B}_q$ 是基空间 $G_0/B_+\simeq\mathcal{F}l_n$ 上以 $\mathbb{A}^{d_q}$ 为纤维的纤维丛的完全空间. 因此,

$$\dim(\mathcal{B}_q)=\dim(G\cdot\mathcal{F}_q)=\frac{n(n-1)}{2}+d_q.$$

特别地, $\mathcal{B}_0\simeq\mathcal{F}l_n$.

证明: 由性质 19 和引理 40 可知

$$\mathcal{B}_q\simeq G/N_q=G_0U/B_+U_q.$$

存在一个态射 $G_0U/B_+U_q\to G_0/B_+$ 把陪集 guB_+U_q, $g\in G_0$, $u\in U$, 映成 gB_+. 由于态射 $G_0\to G_0/B_+$ 具有局部截面, 因此, $G_0U/B_+U_q\to G_0/B_+$ 是一个纤维同构于 U/U_q 的纤维丛.

由 U 是一个幂零群可知, $U/U_q\simeq\mathbb{A}^{d_q}$, 其中 $\mathbb{A}^{d_q}$ 是一个 d_q 维仿射空间.

由性质 19 可知, 对每个 $q=0,\cdots,n$, 下列态射都是簇之间的同构态射:

$$\mathcal{B}_q\to G\cdot\mathcal{F}_q,\ g\cdot\mathfrak{b}_q\mapsto g\cdot\mathcal{F}_q.$$

为了把所有 $\mathcal{B}_q$, $q=0,\cdots,n$ 都放进一个固定空间, 我们将把每个 $\mathcal{B}_q$ 的簇结构等同于它在 $\mathcal{F}l_s$, $s=p^n-1$, 中的像, 即 $G\cdot\mathcal{F}_q$, 并忘掉它作为 $\mathrm{Grass}(r_q,W(n))$ 的子簇而获得的簇结构.

定理 8: 作为 $\mathcal{F}l_s$ 的子簇, $\mathcal{B}=\cup_{q=0}^{n}\mathcal{B}_q$ 具有簇结构.

7.4 与 $\mathfrak{sl}(n+1)$ 旗簇的关系

在本节中, 更多整体上旗簇的几何将得到刻画.

为行文方便, 当 $p\nmid n+1$ 时, 记

$$H:=\mathrm{im}(\varphi)<\mathrm{GL}(\mathfrak{sl}(n+1)).$$

引理 44:

(1)SL$(n+1)$是A型的典型代数群,有一组单根系

$$\Delta=\{\alpha_i \mid i=1,\cdots,n\}.$$

(2)SL$(n+1)$(resp. GL(n))的 Weyl 群是S_{n+1}(resp. S_n),其生成元是$\{s_i=(i,i+1) \mid i=1,\cdots,n\}$(resp. $\{s_i \mid i=1,\cdots,n-1\}$).

(3)[推广的 Bruhat 分解]

$$\mathrm{GL}(n+1)/B_+=\bigcup_{i=0}^{n}P\cdot s_{(i)}B_+/B_+=\bigcup_{i=0}^{n}\bigcup_{s\in S_n}U^+ss_{(i)}B_+/B_+,$$

其中$s_{(i)}=s_n\cdots s_{n-i+1}$,$s_{(0)}=\mathrm{id}$,$B_+$(resp. U^+)是$GL(n+1)$的标准 Borel 子群(resp. B_+的幂零根基).

证明:根据李理论的标准结果(参考[6]),我们只需要验证(3)即可.为此,我们需要如下断言:

断言:$S_{n+1}=\bigcup_{i=0}^{n}S_ns_{(i)}$.

为验证该断言,我们对$s\in S_{n+1}$的长度进行归纳证明.

$l(s)=0$:$s=\mathrm{id}=s_{(0)}\in\bigcup_{i=0}^{n}S_ns_{(i)}$

$l(s)=l$:假设$s=s_{t_1}\cdots s_{t_l}$是s关于单反射的一个简约表达式,同时$\sigma\in\bigcup_{i=0}^{n}S_ns_{(i)}$对所有$l(\sigma)\leqslant l-1$都成立.注意到$l(s_{t_1}\cdots s_{t_{l-1}})=l-1$,从而

$$s=s_{t_1}\cdots s_{t_{l-1}}s_{t_l}=ts_{(i)}s_{t_l},$$

其中$t\in S_n$,且$i\in\{0,\cdots,n\}$.

(1)当$t_l<n-i+1$时,$s=ts_{(i)}s_{t_l}=ts_{t_l}s_{(i)}$.

(2)当$n-i+1\leqslant t_l\leqslant n-1$,此时

$$\begin{aligned}s&=ts_n\cdots s_{n-i+1}s_{t_l}\\&=ts_n\cdots s_{t_{l+1}}(s_{t_l}s_{t_{l-1}}s_{t_l})s_{t_{l-2}}\cdots s_{n-i+1}\\&=ts_n\cdots s_{t_{l+1}}(s_{t_{l-1}}s_{t_l}s_{t_{l-1}})s_{t_{l-2}}\cdots s_{n-i+1}\\&=ts_{t_{l-1}}s_n\cdots s_{n-i+1}=ts_{t_{l-1}}s_{(i)}.\end{aligned}$$

注意到 $ts_{t_{l-1}} \in S_n$，结论在这种情况下成立.

(3) 当 $t_l = n$ 时，

$$\begin{aligned} s &= ts_n \cdots s_{n-i+1} s_n \\ &= t(s_n s_{n-1} s_n) s_{n-2} \cdots s_{n-i+1} \\ &= t(s_{n-1} s_n s_{n-1}) s_{n-2} \cdots s_{n-i+1} \\ &= ts_{n-1} s_n \cdots s_{n-i+1} \\ &= ts_{n-1} s_{(i)}. \end{aligned}$$

根据归纳假设，断言成立.

结合该断言与 Bruhat 分解定理，引理 44 成立.

定义 GL$(n+1)$ 的子群 $\widetilde{P}$ 如下：

$$\widetilde{P} = \left\{ \begin{pmatrix} M & v \\ 0 & 1 \end{pmatrix} \middle| M \in \mathrm{GL}(n), v \in \mathbb{K}^n \right\}.$$

易知，$\widetilde{P} = \widetilde{L} \ltimes \widetilde{U}$①，其中 $\widetilde{L} \simeq \mathrm{GL}(n)$，$\widetilde{U}$ 是 $\widetilde{P}$ 的幂幺根基，由下列元素组成：

$$\left\{ I + \sum_{i=1}^{n} a_i E_{i,n+1} \middle| a_i \in \mathbb{K} \right\}.$$

需要提醒的是，从 GL(n) 到 $\widetilde{L}$ 的同构映射把 $M \in \mathrm{GL}(n)$ 映到矩阵 diag$(M,1)$.

对每个 $v = (a_1, \cdots, a_n) \in \mathbb{K}^n$，$l(v) = \sum_{i=1}^{n} a_i x_i$ 定义了一个线性空间的同构映射：

$$\mathbb{K}^n \to \langle x_1, \cdots, x_n \rangle, v \mapsto l(v).$$

现在，定义 $\psi_v \in \mathrm{Aut}(A(n))$ 如下：

$$\psi_v : x_j \mapsto \frac{x_j}{1 - l(v)}, j = 1, \cdots, n.$$

引理 45：映射 $\psi : \mathbb{K}^n \to \mathrm{Aut}(A(n))$，$v \mapsto \psi_v$，是代数群同态. 当 $(p,n) \neq (2,1)$ 时，它是单射.

---

① $\widetilde{P}$ 不是 GL$(n+1)$ 的抛物子群.

证明：对每个 $i=1,\cdots,n$ 和 $v_1,v_2\in\mathbb{K}^n$，

$$\psi_{v_1}\cdot\psi_{v_2}(x_i)=\psi_{v_1}\left(\frac{x_i}{1-l(v_2)}\right)=\frac{\dfrac{x_i}{1-l(v_1)}}{1-\dfrac{l(v_2)}{1-l(v_1)}}$$

$$=\frac{x_i}{1-l(v_1+v_2)}=\psi_{v_1+v_2}(x_i).$$

因此，$\psi_{v_1}\cdot\psi_{v_2}=\psi_{v_1+v_2}$. 特别地，$\psi_0=\mathrm{id}$，$\psi_v^{-1}=\psi_{-v}$.

当$(p,n)\neq(2,1)$时，对任意 $v\in\mathbb{K}^n$ 和 $i=1,\cdots,n$，

$$\psi_v(x_i)=x_i+l(v)x_i+l(v)^2x_i+\cdots+l(v)^{p-1}x_i.$$

因此，$v\in\ker\psi$ 当且仅当 $v=0$，即 $\ker\psi=\{\psi_0\}$. 引理 45 得证.

记$\Psi_v:=\Psi_{\psi_v}\in G$ 是对应于 ψ_v 的 $W(n)$的自同构. 因为每个 ψ_v 都平凡作用于 $\mathrm{gr}A(n)$，所以Ψ_v 也平凡作用于 $\mathrm{gr}W(n)$，因此有$\Psi_v\in U$.

引理 46：对任意 $M\in\mathrm{GL}(n)$ 及 $v\in\mathbb{K}^n$，

$$M\psi_vM^{-1}=\psi_{M(v)}.$$

证明：对任意 i，由于 $M(l(v))=l(M(v))$，因而有

$$M\psi_vM^{-1}(x_i)=M\left(\frac{M^{-1}(x_i)}{1-l(v)}\right)=\frac{x_i}{1-l(M(v))}=\psi_{M(v)}(x_i).$$

引理 47：映射 $\alpha_1:\widetilde{P}\to\mathrm{Aut}(A(n))$，

$$\alpha_1\left(\begin{pmatrix}M & v\\ 0 & 1\end{pmatrix}\right)=\psi_vM$$

是代数群同态. 当$(p,n)\neq(2,1)$时，它是单射.

证明：对任意$\begin{pmatrix}M & v\\ 0 & 1\end{pmatrix}$和$\begin{pmatrix}M_1 & v_1\\ 0 & 1\end{pmatrix}\in\widetilde{P}$，$Ml(v_1)=l(Mv_1)$.

根据引理 46，我们有

$$\alpha_1\left(\begin{pmatrix} M & v \\ 0 & 1 \end{pmatrix}\right)\alpha_1\left(\begin{pmatrix} M_1 & v_1 \\ 0 & 1 \end{pmatrix}\right)=\psi_v M\psi_{v_1}M_1$$

$$=\psi_v\psi_{Mv_1}MM_1=\alpha_1\left(\begin{pmatrix} M & v \\ 0 & 1 \end{pmatrix}\begin{pmatrix} M_1 & v_1 \\ 0 & 1 \end{pmatrix}\right).$$

显然 α_1 是有理的.

当 $(p,n)\neq(2,1)$ 时,根据引理 45,$\ker\alpha_1=\{I_{n+1}\}$,因此 α_1 是单射.

现在,将 α_1 与同构映射 $\mathrm{Aut}(A(n))\to G$ 复合,可以得到代数群同态

$$\Psi:\mathbb{K}^n\to U,v\mapsto\Psi_v.$$

显然,当 $(p,n)\neq(2,1)$ 时,它是单射.

引理 48: 微分映射 $\mathrm{d}\Psi:\mathrm{Lie}(\mathbb{K}^n)\to\mathrm{Lie}(U)$ 的像如下:

$$\langle p_i\mid i=1,\cdots,n\rangle,p_i=x_i\sum_{j=1}^n x_j\partial_j.$$

证明: 记 $v\in\mathbb{K}^n$ 的坐标分量分别为 $(t_1,\cdots,t_n)$. 对每个 $i,j=1,\cdots,n$,

$$\left.\frac{\partial(\psi_v(x_j))}{\partial t_i}\right|_{v=0}=\left.\frac{\partial\left(\dfrac{x_j}{1-\sum_{i=1}^n t_ix_i}\right)}{\partial t_i}\right|_{v=0}=\left.\frac{x_ix_j}{\left(1-\sum_{i=1}^n t_ix_i\right)^2}\right|_{v=0}=x_ix_j,$$

引理 48 成立.

设 $U':=\{\Psi_v\mid v\in\mathbb{K}^n\}$,并记 P' 是 G 中由 G_0 和 U' 生成的子群. 根据引理 47,当 $(p,n)\neq(2,1)$ 时,α_1 诱导出同构映射

$$\alpha_2:\widetilde{P}\to P',\alpha_2\left(\begin{pmatrix} M & v \\ 0 & 1 \end{pmatrix}\right)=\Psi_vM.$$

特别地,其限制是 $\widetilde{U}$ 到 U' 的同构映射.

当 $p\nmid n+1$ 时,存在态射

$$\varphi:G\to\mathrm{GL}(\mathfrak{sl}(n+1)),g\mapsto\mathrm{pr}\cdot g\cdot i.$$

显然,$\varphi(G_0)=\widetilde{L}$.

通过定义 $M(x):=MxM^{-1}$,其中 $M\in \mathrm{GL}(n+1)$,$x\in \mathfrak{sl}(n+1)$,可以将 $\mathrm{GL}(n+1)$看成 $\mathrm{GL}(\mathfrak{sl}(n+1))$的子群.

引理 49:假设 $p\nmid n+1$. 对任意 $B\in \mathfrak{sl}(n+1)$,$N\in \widetilde{P}$,有

$$\varphi(\alpha_2(N))(B)=NBN^{-1}. \tag{7.4}$$

特别地,$\varphi\alpha_2$ 是 $\mathrm{GL}(n+1)$ 在 $\mathfrak{sl}(n+1)$ 上伴随作用在 $\widetilde{P}$ 上的限制. 因此,$\widetilde{P}\simeq\varphi(P')$.

证明:对任意 $v=(a_1,\cdots,a_n)\in \mathbb{K}^n$,设

$$N_v:=I_{n+1}+\sum_{i=1}^{n} a_iE_{i,n+1}.$$

等式(7.4)对于 $N=\mathrm{diag}(M,0)$,$M\in \mathrm{GL}(n)$,成立. 因此,我们在此只证明 N_v,$v\in \mathbb{K}^n$ 的情形.

设 $\sigma=\sum_{l=1}^{n} x_l\partial_l$,直接计算可知

$$\Psi_v\begin{pmatrix}\partial_1\\ \vdots\\ \partial_n\\ \sigma\end{pmatrix}=\begin{pmatrix}(1-l(v))(\partial_1-a_1p)\\ \vdots\\ (1-l(v))(\partial_n-a_np)\\ (1-l(v))\sigma\end{pmatrix}=(1-l(v))N_v^{-1}\begin{pmatrix}\partial_1\\ \vdots\\ \partial_n\\ \sigma\end{pmatrix}$$

且

$$\begin{aligned}\Psi_l(x_1,\cdots,x_n,-1)&=\left(\frac{x_1}{1-l(v)},\cdots,\frac{x_n}{1-l(v)},-1\right)\\&=(1-l(v))^{-1}(x_1,\cdots,x_n,-1)N_v.\end{aligned}$$

由 i 的定义知,

$$\Psi_v\cdot \mathrm{i}(B)=\Psi_v\left((x_1,\cdots,x_n,-1)B\begin{pmatrix}\partial_1\\ \vdots\\ \partial_n\\ \sigma\end{pmatrix}\right)$$

$$=(x_1,\cdots,x_n,-1)N_vBN_v^{-1}\begin{pmatrix}\partial_1\\ \vdots\\ \partial_n\\ \sigma\end{pmatrix}.$$

因此,$\Psi_v(\mathrm{i}(B))=\mathrm{i}(N_vBN_v^{-1})$. 引理 49 成立.

引理 50:令 $\widetilde{B}_+$是 GL($n+1$) 中由全体上三角矩阵组成的 Borel 子群. 那么

$$\mathrm{GL}(n+1)=\bigcup_{q=0}^{n}\widetilde{P}\cdot s_{(q)}\widetilde{B}_+,$$

其中 $s_{(0)}=1,s_{(q)}=s_n\cdots s_{n-q+1}(1\leqslant q\leqslant n)$.

证明:记 $\widetilde{U}_+$为 $\widetilde{B}_+$的幂幺根基,T 是由全体对角矩阵组成的环面子代数. 显然 $\widetilde{B}_+=T\ltimes\widetilde{U}_+,T=T_1T_2$,其中

$$T_1=\{\mathrm{diag}(\lambda_1,\cdots,\lambda_n,1)\mid\lambda_i\in\mathbb{K}^*\},T_2=\{\mathrm{diag}(1,\cdots,1,\lambda)\mid\lambda\in\mathbb{K}^*\}.$$

根据引理 44 的证明可知,$S_{n+1}=\cup_{q=0}^{n}S_ns_{(q)}$.

直接验证知,对全体 $q=1,\cdots,n$ 和 $s\in S_n$,

$$s_{(q)}B_+s_{(q)}^{-1}=B_+,T_2s=sT_2,T_2s_{(q)}\subseteq s_{(q)}T.$$

由 Bruhat 分解定理知,

$$\begin{aligned}\mathrm{GL}(n+1)&=\bigcup_{q=0}^{n}\bigcup_{s\in S_n}\widetilde{U}_+T_1T_2ss_{(q)}\widetilde{B}_+\\&\subseteq\bigcup_{q=0}^{n}\bigcup_{s\in S_n}\widetilde{U}_+T_1sB_+s_{(q)}T\widetilde{B}_+=\bigcup_{q=0}^{n}\widetilde{P}s_{(q)}\widetilde{B}_+.\end{aligned}$$

引理 50 得证.

引理 51:

(1) $\mathrm{Stab}_{\mathrm{GL}(n+1)}(\widetilde{\mathfrak{b}})=\widetilde{B}_+$. 因此$(\widetilde{P}\cdot s_{(q)}\widetilde{B}_+)\cdot\widetilde{\mathfrak{b}}=\widetilde{P}s_{(q)}\widetilde{\mathfrak{b}}$.

(2)如下簇同构成立:

$$\mathrm{GL}(n+1)\cdot\widetilde{\mathfrak{b}}\simeq\mathrm{GL}(n+1)/\widetilde{B}_+\simeq\mathcal{F}l_{n+1}.$$

(3)对 $0\leqslant q,r\leqslant n$,两个轨道 $\widetilde{P}\cdot s_{(q)}\widetilde{\mathfrak{b}}$ 和 $\widetilde{P}\cdot s_{(r)}\widetilde{\mathfrak{b}}$ 相等,当且仅当 $q=r$.

证明:(1)可以直接验证得到.

(2)第二个同构是已知的. 对于第一个同构,类似于性质 16 中态射分裂性的讨论,该同构等价于 $\mathrm{Stab}_{\mathfrak{gl}(n+1)}(\widetilde{\mathfrak{b}})=\mathrm{Lie}(\widetilde{B}_+)$.

通过分析根可知:

$$\mathrm{Stab}_{\mathfrak{gl}(n+1)}(\widetilde{\mathfrak{b}})=\widetilde{\mathfrak{b}}\oplus\langle I_{n+1}\rangle=\mathrm{Lie}(\widetilde{B}_+),$$

这里,I_{n+1} 是 $\mathfrak{gl}(n+1)$的单位矩阵.

(3)假设

$$g=\begin{pmatrix}M & v\\ 0 & 1\end{pmatrix}\in\widetilde{P},Y=\begin{pmatrix}X & \alpha\\ \beta^T & -tr(X)\end{pmatrix}\in s_{(q)}\widetilde{\mathfrak{b}},$$

其中 α、β 都是列向量. 直接计算可知

$$gYg^{-1}=\begin{pmatrix}MXM^{-1}+v\beta^TM^{-1} & -MXM^{-1}v-v\beta^TM^{-1}v+M\alpha-vtr(X)\\ \beta^TM^{-1} & -tr(X)-\beta^TM^{-1}v\end{pmatrix}.$$

根据公式(6.1),当 Y 于遍 $s_{(q)}\widetilde{\mathfrak{b}}$ 时,β^T 可以跑遍

$$V:=\{(0,\cdots,0,b_{n-q+1},\cdots,b_n)\mid b_i\in\mathbb{K},\forall i\}.$$

注意到 $\dim(V\cdot M^{-1})=\dim(V)=q$,引理 51 成立.

性质 20:假设 $p\nmid n+1$,那么

$$\mathcal{F}l_{n+1}\simeq\bigcup_{q=0}^{n}\widetilde{P}\cdot\mathrm{pr}(\mathfrak{b}_q)\subseteq\mathrm{pr}(B).$$

证明:根据引理 47 和性质 5,对每个 $q=0,\cdots,n$,

$$\begin{aligned}\widetilde{P}\cdot\mathrm{pr}(\mathfrak{b}_q)&\simeq\varphi(P')\cdot\mathrm{pr}(\mathfrak{b}_q)=\mathrm{pr}\cdot P'\cdot\mathrm{i}\cdot\mathrm{pr}(\mathfrak{b}_q)\\&=\mathrm{pr}(P'\cdot\mathfrak{b}_q)\subseteq\mathrm{pr}(G\cdot\mathfrak{b}_q)=\mathrm{pr}(B_q).\end{aligned}$$

由引理 50 和引理 51 可知:

$$\begin{aligned}\mathcal{F}l_{n+1}&\simeq\mathrm{GL}(n+1)\cdot\widetilde{\mathfrak{b}}=\bigcup_{q=0}^{n}\widetilde{P}\cdot s_{(q)}\widetilde{\mathfrak{b}}\\&=\bigcup_{q=0}^{n}\widetilde{P}\cdot\mathrm{pr}(\mathfrak{b}_q)\subseteq\bigcup_{q=0}^{n}\mathrm{pr}(B_q)=\mathrm{pr}(B).\end{aligned}$$

性质 21:假设 $p\nmid n+1$. 那么对全体 $q=0,\cdots,n$,

$$P'\cdot\mathcal{F}_q\simeq P'\cdot\mathfrak{b}_q\simeq\widetilde{P}\cdot\mathrm{pr}(\mathfrak{b}_q).$$

证明:设 $S_1=\mathrm{Stab}_{P'}(\mathfrak{b}_q)$,$S_2=\mathrm{Stab}_{\widetilde{P}}(\mathrm{pr}(\mathfrak{b}_q))$.

由性质 18 可知

$$S_1=\mathrm{Stab}_{P'}(\mathcal{F}_q)=P'\cap(B_+\ltimes U_q)=B_+\ltimes(U'\cap U_q).$$

对任意 $v\in\mathbb{K}^n$,$i=1,\cdots,n$,直接计算有

$$(1-l(v))^{-1}x_i=x_i+\mu_i,\text{其中}\mu_i=\sum_{k=1}^{p-1}l(v)^kx_i.$$

$l(v)x_i<_qx_i$ 对全体 $1\leqslant i\leqslant n-q$ 都成立当且仅当 $v\in\langle\epsilon_1,\cdots,\epsilon_{n-q}\rangle$. 注意到,如果 $v\in\langle\epsilon_1,\cdots,\epsilon_{n-q}\rangle$ 成立,那么 $l(v)^kx_i<_qx_i$ 对所有 $1\leqslant i\leqslant n$ 和 $k=1,\cdots,p-1$ 都成立. 因此,根据性质 18,

$$U'\cap U_q=\{\Psi_v\mid v\in\langle\epsilon_1,\cdots,\epsilon_{n-q}\rangle\}.$$

由引理 48 可知

$$\mathrm{Lie}(U')\supseteq\langle p_i\mid i=1,\cdots,n\rangle,\mathrm{Lie}(U'\cap U_q)\supseteq\langle p_i\mid i=1,\cdots,n-q\rangle.$$

注意到上述式子两边的线性空间维数相等,分别为 n 和 $n-q$,因此,

$$\mathrm{Lie}(U')=\langle p_i\mid i=1,\cdots,n\rangle\tag{7.5}$$

$$\mathrm{Lie}(U'\cap U_q)=\langle p_i\mid i=1,\cdots,n-q\rangle\tag{7.6}$$

下列事实成立:

$$\mathrm{Lie}(P')=\mathrm{Lie}(B_+)\oplus\mathrm{Lie}(U'),\mathrm{Lie}(S_1)=\mathrm{Lie}(B_+)\oplus\mathrm{Lie}(U'\cap U_q).$$

由于 $\mathrm{pr}(\mathfrak{b}_q)$ 是 $\mathfrak{sl}(n+1)$ 的 Borel 子代数,根据公式(6.1),

$$S_2=\widetilde{P}\cap\mathrm{Stab}_{\widetilde{P}}(\mathrm{pr}(\mathfrak{b}_q))=B_+\ltimes\left\{I+\sum_{i=1}^{n-q}a_iE_{i,n+1}\mid a_i\in\mathbb{K}\right\}.$$

由引理 47 可得,$\alpha_2(S_2)=S_1$,因此有 $P'/S_1=\widetilde{P}/S_2$.

我们断言:

$$P'\cdot\mathcal{F}_q\simeq P'/S_1,P'\cdot\mathfrak{b}_q\simeq P'/S_1,\widetilde{P}\cdot\mathrm{pr}(\mathfrak{b}_q)\simeq P'/S_2.$$

这将完成性质的证明.

类似于性质 16 的证明,上述同构的事实分别等价于下列命题:

(1) $\mathrm{Stab}_{\mathrm{Lie}(P')}(\mathcal{F}_q)\subseteq \mathrm{Lie}(S_1)$.

(2) $\mathrm{Stab}_{\mathrm{Lie}(P')}(\mathfrak{b}_q)\subseteq \mathrm{Lie}(S_1)$.

(3) $\mathrm{Stab}_{\mathrm{Lie}(\widetilde{P})}(\mathrm{pr}(\mathfrak{b}_q))\subseteq \mathrm{Lie}(S_2)$.

(1)的证明：由于 $x_i^2\partial_i\notin \mathfrak{b}_q, i=n-q+1,\cdots,n$，由公式(7.5)，

$$\sum_i^n a_ip_i\in \mathrm{Lie}(P')\cap \mathfrak{b}_q \text{ 仅当} a_{n-q+1}=\cdots=a_n=0 \text{ 时成立.}$$

根据公式(7.6)，

$$\begin{aligned}\mathrm{Stab}_{\mathrm{Lie}(P')}(\mathcal{F}_q)&=\mathrm{Lie}(P')\cap \mathrm{Stab}_{W(n)}(\mathcal{F}_q)=\mathrm{Lie}(P')\cap \mathfrak{b}_q\\&=\mathrm{Lie}(B_+)\oplus(\mathrm{Lie}(U')\cap \mathfrak{b}_q)\subseteq \mathrm{Lie}(S_1).\end{aligned}$$

(2)的证明：当 $\sum_i^n a_ip_i\in \mathrm{Stab}_{\mathrm{Lie}(U')}(\mathfrak{b}_q)$时，对全体 $i=n-q+1,\cdots,n$，

$$[x_i\partial_i, \sum_i^n a_ip_i]=a_ip_i\in \mathfrak{b}_q.$$

因此，$a_i=0$. 由公式(7.5)可知，

$$\begin{aligned}\mathrm{Stab}_{\mathrm{Lie}(P')}(\mathfrak{b}_q)&=\mathrm{Stab}_{\mathfrak{gl}(n)}(\mathfrak{b}_q)\oplus \mathrm{Stab}_{\mathrm{Lie}(U')}(\mathfrak{b}_q)\\&=\mathrm{Lie}(B_+)\oplus \mathrm{Stab}_{\mathrm{Lie}(U')}(\mathfrak{b}_q)\\&\subseteq \mathrm{Lie}(B_+)\oplus \mathrm{Lie}(U'\cap U_q)\subseteq \mathrm{Lie}(S_1).\end{aligned}$$

(3)的证明：注意到 $\mathrm{pr}(\mathfrak{b}_q)$是 $\mathfrak{gl}(n+1)$的 Borel 子代数，我们有

$$\begin{aligned}\mathrm{Stab}_{\mathrm{Lie}(\widetilde{P})}(\mathrm{pr}(\mathfrak{b}_q))&=\mathrm{Lie}(\widetilde{P})\cap \mathrm{Stab}_{\mathfrak{gl}(n+1)}(\mathrm{pr}(\mathfrak{b}_q))\\&=\mathrm{Lie}(\widetilde{P})\cap(\mathrm{pr}(\mathfrak{b}_q)\oplus \mathbb{K}I_{n+1})\subseteq \mathrm{Lie}(S_2).\end{aligned}$$

性质 22：当 $p\nmid n+1$ 时，每个$\mathcal{F}l_{n+1}$ 的 Bruhat 胞腔都可以嵌入到 $\mathcal{B}$ 中.

证明：对每个 $q=0,\cdots,n$，根据性质 20 的证明，$\widetilde{P}\cdot \mathrm{pr}(\mathfrak{b}_q)$同构于若干$\mathcal{F}l_{n+1}$ 的 Bruhat 胞腔的并. 更精确地说，

$$\widetilde{P}\cdot \mathrm{pr}(\mathfrak{b}_q)\simeq \bigcup_{s\in S_n}\widetilde{B}_+ss_{(q)}\widetilde{B}_+/\widetilde{B}_+.$$

通过与下列同构的复合可以证明我们的结论：

$$P'\cdot \mathcal{F}_q\simeq P'\cdot \mathfrak{b}_q\simeq \mathrm{pr}(\mathfrak{b}_q).$$

综上所述，我们可以得到如下 $W(n)$ 旗簇的基本性质和拓扑关系，即定理 9 和定理 10.

定理 9：令 $W(n)$ 是基域$\mathbb{K}$上的 Jacobson–Witt 代数，$\mathrm{ch}(\mathbb{K})>2$，$\mathcal{B}$ 是 $W(n)$ 上的旗簇（全体 B–子代数构成的簇），$\mathcal{B}_q$ 是 $W(n)$ 的第 q 个旗簇（第 q 个 B–子代数的共轭类全体），其中 $q=0,\cdots,n$. $\mathcal{F}l_{n+1}$ 是$\mathfrak{sl}(n+1)$的旗簇.

(1) 对每个 $q=0,\cdots,n$，$\mathcal{B}_q$ 都是 G–轨道，因而是光滑簇. 进一步，$\mathcal{B}_q$ 是基空间 $G_0/B_+\simeq\mathcal{F}l_n$ 上以$\mathbb{A}^{d_q}$ 为纤维的纤维丛的完全空间，其中

$$d_q=\frac{n^2+3n-q^2-q}{2}p^q+\frac{n(n+1)}{2}-(n-q)(q+1)-\frac{1-p^q}{1-p}.$$

(2) $\mathcal{B}=\bigcup\limits_{q=0}^{n}\mathcal{B}_q$ 具有簇结构，同构于$\mathcal{F}l_s$ 的子簇，其中 $s=p^n-1$.

定理 10：进一步，若 $p\nmid n+1$，则下面的结论成立：

(1) 存在从$\mathcal{F}l_{n+1}$ 到 $\mathrm{pr}(\mathcal{B})$ 的嵌入映射.

(2) 每个$\mathcal{F}l_{n+1}$ 的 Bruhat 胞腔都可以嵌入到 $\mathcal{B}$ 中.

第 8 章　W(1)的几何

本章以 $W(1)$ 为例,应用前面的结果. 同时,通过具体计算,得到新的结果,这些新结果对一般情形有所启迪,其中的部分结果或许可以推广到一般情形.

在本章中,我们总是假设基域$\mathbb{K}$的特征 $p\neq 2,3$. 否则,当 $p=3$ 时,$W(1)\simeq \mathfrak{sl}(2)$;当 $p=2$ 时,许多性质不成立.

8.1　预备知识

8.1.1　Witt 代数 W(1)

$W(1)$的定义可以参见第 2 章.

注记 38: 作为线性空间,$W(1)=\langle \partial, x\partial, \cdots, x^{p-1}\partial\rangle$.

引理 52: 保持前文中的记号.

(1) $W(1)=\oplus_{i=-1}^{p-2} W(1)_i$,其中 $W(1)_i=\mathbb{K}x^{i+1}\partial$. 因此,$W(1)$是一个阶化李代数. 进一步,阶化维数 $\mathrm{gdim}(W(1))=\sum_{i=0}^{p-1} t^i=(1-t^p)/(1-t)$.

(2) $W(1)$ 在 $A(1)$ 上有一个自然作用. 进一步, $0\to\mathbb{K}\to A(1)\to A(1)_+\to 0$ 是 $W(1)$-模的短正合列. 正合列中包含了两个单模, 即平凡模 $\mathbb{K}$ 和 $A(1)_+$, 其中 $\mathbb{K}$ 可以看作 $A(1)$ 中的常值函数, $A(1)_+:=A(1)/\mathbb{K}$.

(3) $(W(1),(W(1)_n)_{n\in\{-1,\cdots,p-2\}},G,\mathbb{K}^*,U)$ 满足滤过假设.

证明: (1) 可以直接通过计算获得.

(2) 是文献[65]中的一个推论.

(3) 是第 2 章中一般性结论的特例.

8.1.2 Witt 代数的自同构

令 $G=\mathrm{Aut}(W(1))$ 是 $W(1)$ 的自同构群. 下面的引理是自同构群的基本结构, 也是非常经典的结论.

引理 53:

(1) $\mathrm{Aut}(A(1))\simeq G$. 这种对应由配对 $(u\in\mathrm{Aut}(A(1)),\phi_u\in G)$ 给定, 其中 ϕ_u 定义为 $\phi_u(E)=u\circ E\circ u^{-1}, E\in W(1)$.

(2) $G=\mathbb{K}^*\ltimes U$. 精确地说, 任何 $u\in U$ 可以被如下形式的多项式给出:

$$u(x)=x+\sum_{i=2}^{p-1}a_ix^i, a_i\in\mathbb{K}.$$

为避免误解, 把 $u\in\mathrm{Aut}(A(1))$ 在 x 上作用的像记作 $\tilde{u}(x)\in A(1)$. 作为 G 中的一个元素, 下面的公式可以直接验证得到:

$$\phi_u(f\partial)=u(f)\phi_u(\partial)=f(\tilde{u}(x))\phi_u(\partial).$$

引理 54 对后面的计算极为重要. 事实上, 该引理是性质 3 的一个特例, 故此处不再证明.

引理 54: 任意 $\phi_u\in G, f(x)\partial\in W(1)$, 有

$$\phi_u(f(x)\partial)=f(\tilde{u}(x))\partial(\tilde{u})^{-1}\partial.$$

8.2　W(1)的极大环面子代数与 B-子代数

8.2.1　极大环面子代数

回顾限制李代数($\mathfrak{g}$,[p])的环面子代数 $\mathfrak{t}$ 是一个由半单元组成的交换限制子代数. 也就是说,对所有 $X\in\mathfrak{t}$,$X\in(X^{[p]})_p$,其中$(X^{[p]})_p$ 表示由 $X^{[p]}$ 生成的限制子代数.

根据第 4 章的证明,性质 23 成立.

性质 23:

(1)$W(1)$ 中有两个极大环面子代数的共轭类,其代表元分别是 $\mathfrak{t}_0=\langle x\partial\rangle$ 和 $\mathfrak{t}_1=\langle(1+x)\partial\rangle$.

(2)$N_G(\mathfrak{t}_0)=C_G(\mathfrak{t}_0)=\{\phi:x\mapsto ax\mid a\in\mathbb{K}^*\}\simeq\mathbb{K}^*$.

$$N_G(\mathfrak{t}_1)=\{\phi:x\mapsto(1+x)^m-1\mid m\in\mathbb{F}_p^*\}\simeq\mathbb{F}_p^*,C_G(\mathfrak{t}_1)=\{id\}.$$

根据上述性质和 Weyl 群的定义(参见第 4 章),得到以下推论:

推论 18: $W(\mathfrak{t}_0)=\mathrm{id}$,$W(\mathfrak{t}_1)\simeq\mathbb{F}_p^*$.

8.2.2　B-子代数

本小节的内容全部都是前文中一般结论的特例.

性质 24: $W(n)$ 共有两个 B-子代数的共轭类,其代表元分别是 $\mathfrak{b}_0=\langle x\partial,\cdots,x^{p-1}\partial\rangle=W(1)_{(0)}$ 和 $\mathfrak{b}_1=\langle\partial,x\partial\rangle$,分别称为第一个和第二个标准 B-子代数.

另外,文献[85]中性质 2.7 的证明过程在这里也能用,但要注意把其中的可解性全部换成完全可解性.

下面的完全旗刻画出现在本书的第 7 章引理 36.

性质 25：$\mathfrak{b}_i=\mathrm{Stab}_{W(1)}(\mathcal{F}_i)$，$i=0,1$，其中

$$\mathcal{F}_0=(0\subset V_1\subset\cdots\subset V_{p-1}=A(1)_+),V_i=\langle x^{p-i},\cdots,x^{p-1}\rangle;$$

$$\mathcal{F}_1=(0\subset V'_1\subset\cdots\subset V'_{p-1}=A(1)_+),V'_i=\langle x,\cdots,x^i\rangle,i=1,\cdots,p-1.$$

进一步，如果$\mathcal{F}$是 $A(1)_+$的完全旗使$\mathfrak{b}_1=\mathrm{Stab}_{W(1)}(\mathcal{F}_1)$，那么$\mathcal{F}=\mathcal{F}_1$.

上述定理也可以用下面的有序基的形式表达.

推论 19：$\mathfrak{b}_i=\mathrm{Stab}_{W(1)}(\mathcal{F}_i)$，$i=0,1$. 其中

$$\mathcal{F}_0=(x^{p-1},\cdots,x^1),\mathcal{F}_1=(x^1,\cdots,x^{p-1}).$$

8.3 极大环面构成的簇与旗簇

本节将详细讨论 $W(1)$的极大环面构成的簇和旗簇的结构. 一方面，前文中的结果可以在 $W(1)$中应用；另一方面，通过细致的计算，本书发现了许多新的结果. 虽然这些新的结果无法直接推广到更一般的情形，但其衍生出的新特性和新方法对未来更一般的推广有一定的意义.

8.3.1 极大环面构成的簇

令

$$\mathcal{T}:=\{W(1)\text{的全体极大环面子代数}\},$$

$$\mathcal{T}_0:=\{W(1)\text{中共轭于}\mathfrak{t}_0\text{的全体极大环面子代}\},$$

$$\mathcal{T}_1:=\{W(1)\text{中共轭于}\mathfrak{t}_1\text{的全体极大环面子代}\}.$$

根据极大环面子代数的共轭类分类定理可知：

$$\mathcal{T}=\mathcal{T}_0\cup\mathcal{T}_1.$$

已知 $N_G(\mathfrak{t}_0)=\mathbb{K}^*$,$N_G(\mathfrak{t}_1)=\mathbb{F}_p^*$. 因此,我们有如下事实:

引理 55:(1)$\mathcal{T}_0\simeq G/\mathbb{K}^*=U$.

(2)$\dim(\mathcal{T}_1)=\dim G=p-1$.

下面的两个引理详细刻画了$\mathcal{T}_0$,$\mathcal{T}_1$ 的结构:

引理 56:$\mathcal{T}_0=\mathbb{P}(W(1)_{\geqslant 0}\backslash W(1)_{\geqslant 1})$.

证明:对任何$f(x)\in A(1)$使$f(0)=1$,通过直接计算可知,必然存在 $u\in U$ 使 $u\cdot(x\partial)=xf(x)\partial$.

这说明,$\mathcal{T}_0=\{\langle xf\partial\rangle \mid f\in A(1),f(0)\neq 0\}=\mathbb{P}(W(1)_{\geqslant 0}\backslash W(1)_{\geqslant 1})$.

引理 57:$\mathcal{T}_1=\{\langle\sum\limits_{i=0}^{p-1} b_i x^i\partial\rangle \mid b_0\in\mathbb{K}^*,b_i\in\mathbb{K}^*,i=1,\cdots,p-1$ 满足条件(T1)或(T2)或(T3)$\}$

(T1)$\operatorname{rank}(B-I_p)=p-1$.

(T2)$\det(B-I_p)=0$.

(T3)B 有特征值 1,

其中

$$B=\begin{pmatrix} 0 & b_0 & 0 & \cdots & 0 \\ 0 & b_1 & 2b_0 & \cdots & 0 \\ 0 & b_2 & 2b_1 & \ddots & \vdots \\ \vdots & \vdots & \vdots & \vdots & \vdots \\ 0 & b_{p-2} & 2b_{p-3} & \cdots & (p-1)b_0 \\ 0 & b_{p-1} & 2b_{p-2} & \cdots & (p-1)b_1 \end{pmatrix}\in \operatorname{Mat}_{p\times p}(\mathbb{K}).$$

证明:令 $f(x)=\sum\limits_{i=0}^{p-1} b_i x^i$,则$\langle f(x)\partial\rangle\in\mathcal{T}_1$ 当且仅当 $\exists\mu\in\operatorname{Aut}(A(1))$和 $c\in\mathbb{K}^*$,使$\Psi_\mu((1+x)\partial)=cf\partial$. 不失一般性,不妨假设 $c=1$,即

$$\Psi_\mu((1+x)\partial)=f\partial.$$

假设 $\tilde{\mu}=a_1x+\cdots+a_{p-1}x^{p-1}\in A(1)$,那么

$$\Psi_{\mu}((1+x)\partial)=cf\partial$$

$$\Leftrightarrow f=(1+\tilde{\mu})(\partial\tilde{\mu})^{-1}$$

$$\Leftrightarrow f(\partial\tilde{\mu})=1+\tilde{\mu}$$

$$\Leftrightarrow\begin{pmatrix} b_0 & 0 & \cdots & 0 \\ b_1-1 & 2b_0 & \cdots & 0 \\ b_2 & 2b_1-1 & \ddots & \vdots \\ \vdots & \vdots & \vdots & \vdots \\ b_{p-2} & 2b_{p-3} & \cdots & (p-1)b_0 \\ b_{p-1} & 2b_{p-2} & \cdots & (p-1)b_1-1 \end{pmatrix}\begin{pmatrix} a_1 \\ a_2 \\ \vdots \\ \vdots \\ a_{p-2} \\ a_{p-1} \end{pmatrix}=\begin{pmatrix} 1 \\ 0 \\ \vdots \\ \vdots \\ 0 \\ 0 \end{pmatrix} \qquad (\#)$$

令 $C\in \mathrm{Mat}_{p\times(p-1)}(\mathbb{K})$ 是矩阵方程(#)的系数矩阵,那么 $\langle f\partial\rangle\in\mathcal{T}_1$ 当且仅当

$$CX=\epsilon_1 \text{ 有解.}$$

$$\Leftrightarrow b_0\neq 0,\mathrm{rank}(C)=\mathrm{rank}(C\mid\epsilon_1).$$

注意到 $\mathrm{rank}(C)\leqslant p-1$,且矩阵 C 的前 $(p-1)$ 行的行列式是

$$(p-1)!b_0^{p-1}\neq 0,$$

因此,$\mathrm{rank}(C)=p-1$.

通过观察,$(-\epsilon_1\mid C)=B-I_p$. 因此

$$CX=\epsilon_1 \text{ 有解.}$$

$$\Leftrightarrow b_0\neq 0,(C\mid\epsilon_1)=\mathrm{rank}(-\epsilon_1\mid C)=\mathrm{rank}(B-I_p)=p-1.$$

即引理条件(T1)成立.

通过对矩阵 B 的分析可知,条件(T1)、(T2)和(T3)是彼此等价的,从而引理 57 得证.

注记 39:注意到,对任意 $g\in G$,$g\cdot(1+x)\partial\in W(1)\setminus W(1)_{(0)}$. 所以引理中出现的 b_0 一定不等于 0.

我们已经假设 $\mathrm{ch}(\mathbb{K})\neq 2$,回顾线性映射

$$\mathrm{pr}:W(1)\to\mathfrak{sl}(2)$$

定义为

$$\mathrm{pr}(\sum_{i=0}^{p-1} a_i x^i \partial) = -a_0 f + 2^{-1} a_1 h + a_2 e,$$

其中 $e=E_{12}, f=E_{21}, h=E_{11}-E_{22}$.

性质 26：$\mathrm{pr}(\mathcal{T}) = \mathbb{P}(\mathfrak{sl}(2)) \setminus \{\mathbb{K}e\}$.

证明：根据 pr 的定义和我们对$\mathcal{T}_0$ 与$\mathcal{T}_1$ 的刻画，有

$$\mathrm{pr}(\mathcal{T}_0) = \{(h+\alpha e) \mid \alpha \in \mathbb{K}\};$$

$$\mathrm{pr}(\mathcal{T}_1) = \{(f+\alpha h+\beta e) \mid \alpha, \beta \in \mathbb{K}\}.$$

从而性质成立.

注记 40：$\langle f \rangle$ 并不是$\mathfrak{sl}(2)$的极大环面子代数，但却属于 $\mathrm{pr}(\mathcal{T})$. 例如，根据 Jacobson 公式，直接计算可知

$$(\partial + x^{p-1}\partial)^{[p]} = -(\partial + x^{p-1}\partial),$$

因此是半单的，且 $\mathrm{pr}(\partial + x^{p-1}\partial) = f$.

根据上述性质与$\mathfrak{sl}(2)$的极大环面子代数的性质可知如下推论成立：

推论 20：$\mathrm{pr}(\mathcal{T})$ 包含$\mathfrak{sl}(2)$的所有极大环面子代数.

8.3.2　旗簇

回顾如下定义：

$$\mathcal{B} := \{W(1) \text{ 的全体 } B\text{-子代数}\},$$

$$\mathcal{B}_0 := \{W(1) \text{ 中共轭于 } \mathfrak{b}_0 \text{ 的全体 } B\text{-子代数}\},$$

$$\mathcal{B}_1 := \{W(1) \text{ 中共轭于 } \mathfrak{b}_1 \text{ 的全体 } B\text{-子代数}\}.$$

下面的关键引理已经在前文中证过：

引理 58：在群同构 $G = \mathrm{Aut}(W(1)) \simeq \mathrm{Aut}(A(1))$ 下，假设 $\mathfrak{b}$ 是一个 B-子代数，使 $\mathfrak{b} = \mathrm{Stab}_{W(1)}(\mathcal{F})$，其中$\mathcal{F}$是 $A(1)_+$的某个完全旗. 那么

(1) $g \cdot \mathfrak{b} = \mathrm{Stab}_{W(1)}(g \cdot \mathcal{F})$ 对任意 $g \in G$ 都成立.

(2) $\mathrm{Stab}_G(\mathfrak{b}) = \mathrm{Stab}_G(\mathcal{F})$.

(3) 把 $g\cdot\mathfrak{b}$ 映到 $g\cdot\mathcal{F}$ 的态射给出了簇同构：$G\cdot\mathfrak{b}\simeq G\cdot\mathcal{F}$.

推论 21：$\mathcal{B}_i\simeq G\cdot\mathcal{F}_i$ 可以看作 $A(1)_+$ 上旗簇的子簇，$i=0,1$.

引理 59：(1) $\mathrm{Stab}_G(\mathfrak{b}_0)=G$.

(2) $\mathrm{Stab}_G(\mathfrak{b}_1)=\{\phi: x\mapsto ax \mid a\in\mathbb{K}^*\}\simeq\mathbb{K}^*$

证明：因为 $\mathrm{Lie}(G)=W(1)_{\geqslant 0}=\mathfrak{b}_0$，所以对所有 $g\in G$，$g\cdot\mathfrak{b}_0=\mathfrak{b}_0$，即 $Stab_G(\mathfrak{b}_0)=G$.

根据性质 25，$\mathfrak{b}_1=\mathrm{Stab}_{W(1)}(\mathcal{F}_1)$，其中 $\mathcal{F}_1=(0\subset V_1\subset\cdots\subset V_{p-1})$，$V_i=\langle x,\cdots,x^i\rangle$，$i=1,\cdots,p-1$. 由引理 58 可知，计算 $\mathrm{Stab}_G(\mathfrak{b}_1)$ 等价于计算 $Stab_G(\mathcal{F}_1)$. 注意到 $\mathrm{Stab}_G(\mathcal{F}_1)\subseteq\mathrm{Stab}_G(V_1)$，其中 $V_1=\mathbb{K}x$，那么，$\mathrm{Stab}_G(V_1)=\mathbb{K}^*\subseteq G$. 因此，$\mathrm{Stab}_G(F_1)\subseteq\mathbb{K}^*$.

另外，直接计算可知 $\mathbb{K}^*$ 稳定 $\mathcal{F}_1$，因此，$\mathbb{K}^*\subseteq\mathrm{Stab}_G(\mathcal{F}_1)$.

引理成立.

根据轨道方法和上述引理对稳定化子的刻画，可以得到如下对簇 $\mathcal{B}_0$ 和 $\mathcal{B}_1$ 的描述：

推论 22：$\mathcal{B}_0=\{\mathfrak{b}_0\}$ 是一个单点集，$\mathcal{B}_1\simeq U$ 是一个 $(p-2)$ 维的仿射簇.

证明：类似于典型李代数的情形（参考文献[6]），可以证明 $\mathcal{B}_i\simeq G/\mathrm{Stab}_G(\mathfrak{b}_i)$ 是簇同构，$i=0,1$.

注记 41：因为 $\mathcal{B}$ 不是一个 G-轨道，所以无法通过轨道方法刻画 $\mathcal{B}$.

引理 60：$\mathrm{pr}(\mathcal{B})\simeq\{\langle a_1 f\wedge h+a_2 h\wedge e+a_3 f\wedge e\rangle \mid a_1\neq 0 \text{ or } a_1=a_3=0\}\subseteq\mathrm{Gr}_2(\mathfrak{sl}(2))$.

证明：对任意 $\mathfrak{b}\in\mathcal{B}$，直接计算可知 $\mathrm{pr}(\mathfrak{b})\in\mathrm{Gr}_2(\mathfrak{sl}(2))$. 特别地，

$$\mathrm{pr}(\mathfrak{b}_0)=\langle h,e\rangle,\ \mathrm{pr}(\mathfrak{b}_1)=\langle h,f\rangle.$$

假设 $g\in G$ 定义为 $\tilde{g}(x)=x+a_2x_2+a_3x_3+\cdots$，那么

$$g(\mathfrak{b}_1)=\langle\partial-2a_2x\partial+(4a_2{}^2-3a_3)x^2\partial+\cdots,x\partial-a_2x^2\partial+\cdots\rangle.$$

进而,

$$\mathrm{pr}(g(\mathfrak{b}_1))=\langle -f-a_2h+(4a_2{}^2-3a_3)e, h-2a_2e\rangle.$$

因为 a_2、a_3 跑遍$\mathbb{K}$,且 2 在$\mathbb{K}$中可逆,所以

$$\mathrm{pr}(\mathcal{B}_1)=\{\langle f+\alpha h+\beta e, h-2\alpha e\rangle \mid \alpha,\beta\in\mathbb{K}\}\subseteq \mathrm{Gr}_2(\mathfrak{sl}(2)).$$

根据 Grassmannian 簇的定义,

$$\mathrm{Gr}_2(\mathfrak{sl}(2))\simeq\mathbb{P}(\langle h\wedge e, f\wedge e, f\wedge h\rangle).$$

因此,

$$\mathrm{pr}(\mathfrak{b}_0)=\langle h\wedge e\rangle,$$

$$\begin{aligned}\mathrm{pr}(\mathcal{B}_1)&=\{\langle f\wedge h-2\alpha f\wedge e-2\alpha^2h\wedge e+\beta e\wedge h\rangle \mid \alpha,\beta\in\mathbb{K}\}\\&=\{\langle f\wedge h-2\alpha f\wedge e-(2\alpha^2+\beta)h\wedge e\rangle \mid \alpha,\beta\in\mathbb{K}\}\\&=\{\langle f\wedge h+af\wedge e+bh\wedge e\rangle \mid a,b\in\mathbb{K}\}.\end{aligned}$$

引理 60 成立.

下面的推论只是上述引理的另一种表达.

推论 23: 我们有簇同构

$$\mathrm{pr}(\mathcal{B})\simeq\{[a_0:a_1:a_2]\in\mathbb{P}^2 \mid a_0\neq 0 \text{ 或者} a_0=a_1=0\}\subseteq\mathbb{P}^2.$$

引理 61: 作为$\mathrm{Gr}_2(\mathfrak{sl}(2))$的子簇,

$$\begin{aligned}\mathcal{F}l_2&=\{\langle h\wedge f\rangle\}\cup\{\langle h\wedge e+2af\wedge e-\alpha^2f\wedge h\rangle \mid a\in\mathbb{K}\}\\&=\{\langle h\wedge e\rangle\}\cup\{\langle f\wedge h-2af\wedge e-\alpha^2h\wedge e\rangle \mid a\in\mathbb{K}\}.\end{aligned}$$

证明:

$$\begin{aligned}\mathcal{F}l_2&=\mathrm{GL}(2)\cdot\langle h,e\rangle\\&=\left\{\begin{pmatrix}1&a\\0&1\end{pmatrix}\cdot\langle h,e\rangle \mid a\in\mathbb{K}\right\}\cup\left\{\begin{pmatrix}0&1\\1&0\end{pmatrix}\cdot\langle h,e\rangle\right\}\\&=\left\{\left\langle\begin{pmatrix}1&0\\2a&1\end{pmatrix},\begin{pmatrix}-a&1\\-\alpha^2&a\end{pmatrix}\right\rangle \mid a\in\mathbb{K}\right\}\cup\{\langle h,f\rangle\}\\&=\{\langle h+2af, e-ah-\alpha^2f\rangle \mid a\in\mathbb{K}\}\cup\{\langle h,f\rangle\}\\&=\{\langle h\wedge e+2af\wedge e-\alpha^2f\wedge h\rangle \mid a\in\mathbb{K}\}\cup\{\langle h\wedge f\rangle\}.\end{aligned}$$

因此引理 61 第一个等式成立,第二个等式只是第一个等式的变形.

性质 27:在 $W(1)$ 中,如果 $\mathrm{ch}(\mathbb{K})\neq 2,3$,那么,$\mathcal{F}l_2\subseteq \mathrm{pr}(B)$.

证明:显然,$\mathrm{pr}(\mathcal{B})=\{\langle f\wedge h+af\wedge e+bh\wedge e\rangle \mid a,b\in\mathbb{K}\}\cup\{\langle h\wedge e\rangle\}$. 特别地,令 $b=-2^{-2}\alpha^2$,由引理 61 可知,$\mathcal{F}l_2\subseteq \mathrm{pr}(\mathcal{B})$.

注记 42:在第 6 章中,我们通过在 G 中寻找 SL(2) 的子代数的方式,证明了上述性质,这里我们通过直接刻画簇结构,也证明了这个引理. 但是这个证明有一个缺陷:无法帮助我们完整地理解 $\mathcal{B}$. 为此,我们还是需要群作用. 引理 62 在前文中已经证明过.

引理 62:如果 $\mathrm{ch}(\mathbb{K})\neq 2,3$,则有:

(1) $\forall g\in G, \mathrm{pr}\circ g=\mathrm{pr}\circ g\circ i\circ \mathrm{pr}$. 因此,映射

$$\varphi: G=\mathrm{Aut}(W(n))\to \mathrm{GL}(\mathfrak{sl}(n+1))$$

定义为 $\varphi(g)=\mathrm{pr}\circ g\circ \mathrm{i}$ 是一个群同构.

(2) 对任意 $a\in\mathbb{K}$,定义自同构 $\psi_a\in \mathrm{Aut}(A(1))$ 为

$$\psi_a: x\mapsto \frac{x}{1-ax}.$$

这同样定义了 $\mathrm{Aut}(W(n))$ 中的自同构,记作 $\Psi_a:=\Phi_{\psi_a}$.

进一步地,$\{\varphi(\Psi_a)\cdot \mathrm{pr}(\mathfrak{b}_1)\mid a\in\mathbb{K}\}\cup\{\mathrm{pr}(\mathfrak{b}_0)\}\simeq \mathcal{F}l_2$.

(3) 注意到旗簇 $\mathcal{F}l_2\simeq\mathbb{P}^1$ 有仿射开覆盖,即 $\mathbb{P}^1=U_0\cup U_1$,其中

$$U_i=\{[a_0:a_1]\mid a_i\neq 0\},i=0,1.$$

在 $W(1)$ 的情形中,

$$\{\varphi(\Psi_a)\cdot \mathrm{pr}(\mathfrak{b}_1)\mid a\in\mathbb{K}\}\simeq U_0,$$

$$\{\varphi(\Psi_a)\cdot \mathrm{pr}(\mathfrak{b}_1)\mid a\in\mathbb{K}^*\}\cup\{\mathrm{pr}(\mathfrak{b}_0)\}\simeq U_1.$$

注记 43:通过前文的介绍可以发现,在一般的情况下精确计算 $\mathrm{im}(\varphi)$ 是极为困难的. 但是,下面的推论表明,在 $W(1)$ 时,可以精确写出 $\mathrm{im}(\varphi)$.

推论 24：

$$\operatorname{im}(\varphi)=\left\{\begin{pmatrix}a & b & c\\ 0 & 1 & d\\ 0 & 0 & e\end{pmatrix}\ \middle|\ ae=1,2ad+b=0\right\}<\mathrm{GL}(3)\simeq\mathrm{GL}(\mathfrak{sl}(2)).$$

证明：假设 $g=\Phi_u\in G$，其中 $\tilde{u}(x)=\sum_{i=1}^{p-1}a_ix^i\in A(1)$，$a_1\neq 0$.

注意到，$\varphi(\boldsymbol{g})=\mathrm{pr}\circ\boldsymbol{g}\circ i\in\mathrm{GL}(\mathfrak{sl}(2))$. 下面的变换公式可以通过直接计算获得：

$$\varphi(\boldsymbol{g})(e)=a_1e,$$

$$\varphi(\boldsymbol{g})(h)=h-2\frac{a_2}{a_1}e,$$

$$\varphi(\boldsymbol{g})(f)=\frac{1}{a_1}f+\frac{a_2}{a_1^2}h+\left(3\frac{a_3}{a_1^2}-4\frac{a_2^2}{a_1^3}\right)e.$$

因为$\mathfrak{sl}(2)$有一组基$\{e,h,f\}$，所以只要固定基的顺序$\{e,h,f\}$，就可以把 $\mathrm{GL}(\mathfrak{sl}(2))$看成 $\mathrm{GL}(3)$. 因此，

$$\varphi(\boldsymbol{g})=\begin{pmatrix}a_1 & -2\dfrac{a_2}{a_1} & 3\dfrac{a_3}{a_1^2}-4\dfrac{a_2^2}{a_1^3}\\ 0 & 1 & \dfrac{a_2}{a_1^2}\\ 0 & 0 & \dfrac{1}{a_1}\end{pmatrix}.$$

注意到 $p\neq 2,3$，且 a_2、a_3 于遍$\mathbb{K}$. 于是，

$$\operatorname{im}(\varphi)=\left\{\begin{pmatrix}a & b & c\\ 0 & 1 & d\\ 0 & 0 & e\end{pmatrix}\ \middle|\ ae=1,2ad+b=0\right\}.$$

推论 24 成立.

记 $\tilde{U}:=\{\Psi_a\mid a\in\mathbb{K}\}\subseteq G$. 通过观察 $\varphi(\tilde{U})$我们得到了性质 28.

接下来的技术性引理很容易验证.

引理 63:在 $A(1)$ 中,下列等式成立:

$$(1-x)^{-i}=\sum_{l=i-1}^{p-1}\binom{l}{i-1}x^{l+1-i}, i=1,\cdots,p-1.$$

性质 28:$\widetilde{U}\cdot\mathfrak{b}_1\cup\{\mathfrak{b}_0\}\simeq\mathbb{P}^1$.

证明:可以验证,把Ψ_a 映到 a 的映射定义了簇同构 $\widetilde{U}\simeq\mathbb{K}$. 同时,由 $\widetilde{U}\simeq U$ 可知,$\mathrm{Stab}_{\widetilde{U}}(\mathfrak{b}_1)=\{\mathrm{id}\}$. 进而可知,$\widetilde{U}\cdot\mathfrak{b}_1\simeq\mathbb{K}$.

断言:$\{\Psi_a\cdot\mathfrak{b}_1\mid a\in\mathbb{K}^*\}\cup\{\mathfrak{b}_0\}\simeq\mathbb{K}$是簇同构,其映射把$\Psi_a(\mathfrak{b}_1)$映成 a^{-1},把$\mathfrak{b}_0$ 映到 0.

事实上,我们只需要验证当 a^{-1} 趋向于 0 时$\Psi_a(\mathfrak{b}_1)$趋向于$\mathfrak{b}_0$ 即可.

注意到$\mathfrak{b}_1$ 对应于完全旗$(x,x^2,\cdots,x^{p-1})$,因此,$\Psi_a\cdot\mathfrak{b}_1$ 对应到

$$(\psi_a(x),\cdots,\psi_a(x)^{p-1}).$$

精确地说,$(\psi_a(x),\cdots,\psi_a(x)^{p-1})=(0\subseteq V_1\subseteq\cdots\subseteq V_{p-1})$是 $A(1)_+$的完全旗,其中 $V_i=\langle\psi_a(x),\cdots,\psi_a(x)^i\rangle$.

直接计算可知:

$$\langle x(1-ax)^{i-1},\cdots,x^{i-1}(1-ax),x^i\rangle=\langle x(1-ax)^{i-1},\cdots,x(1-ax),x\rangle,$$

因此

$$\begin{aligned}V_i&=\langle\psi_a(x),\cdots,\psi_a(x)^i\rangle\\&=\left\langle\frac{x}{1-ax},\cdots,\frac{x^i}{(1-ax)^i}\right\rangle=\left\langle\frac{x}{1-ax},\cdots,\frac{x}{(1-ax)^i}\right\rangle\\&=\left\langle\sum_{l=0}^{p-2}a^lx^{l+1},\cdots,\sum_{l=i-1}^{p-2}\binom{l}{i-1}a^{l+1-i}x^{l+2-i}\right\rangle\\&=\left\langle\sum_{l=0}^{p-2}a^{l-p+2}x^{l+1},\cdots,\sum_{l=i-1}^{p-2}\binom{l}{i-1}a^{l+1-p}x^{l+2-i}\right\rangle.\end{aligned}$$

因此,当 a^{-1} 趋向于 0 时,V_i 趋向于$\langle x^{p-1},\cdots,x^{p-i}\rangle$,这恰好是$\mathfrak{b}_0$ 所对应的完

全旗$\mathcal{F}_0$的第 i 个线性空间.

断言成立.

令 $m:\widetilde{U}\cdot \mathfrak{b}_1\cup\{\mathfrak{b}_0\}\to\mathbb{P}^1$ 定义为:把$\Psi_a\cdot\mathfrak{b}_1$ 映成$[1:a]$,把$\mathfrak{b}_0$ 映成$[0:1]$. 由上述论证过程和 $\widetilde{\mathrm{U}}$ 的性质可知 m 是簇同构. 性质 28 得证.

下面的定理给出了 $\mathcal{B}$ 的完整结构.

定理 11:$\mathcal{B}$ 同构于$\mathbb{P}(A(1)_+)$的子簇.

精确地说,有

$$\mathcal{B}_1\simeq\{\langle x+a_2x_2+\cdots a_{p-1}x^{p-1}\rangle\in\mathbb{P}(A(1)_+)\},$$

$$\mathcal{B}_0\simeq\{\langle x^{p-1}\rangle\}.$$

进一步,$\mathcal{B}_1$ 是 $\mathcal{B}$ 的开子簇,且$\overline{\mathcal{B}_1}=\mathcal{B}_1\cup\mathcal{B}_0$.

证明:根据引理 59,

$$\mathcal{B}_1\simeq\frac{G}{\mathbb{K}^*}\simeq\{\langle x+a_2x_2+\cdots a_{p-1}x^{p-1}\rangle\in\mathbb{P}(A(1)_+)\}.$$

从前一个性质的证明过程可知,当 a^{-1} 趋向于 0 时,$\Psi_a\cdot\mathfrak{b}_1$ 趋向于$\mathfrak{b}_0$. 注意到,$\mathfrak{b}_1$ 对应于$\langle x\rangle$. 所以当 a^{-1} 趋向于 0 时,

$$\Psi_a\cdot\mathfrak{b}_1=\langle\psi_a(x)\rangle=\left\langle\frac{x}{1-ax}\right\rangle$$

趋向于 x^{p-1},因此,定理 11 得证.

它们的拓扑关系可以通过射影空间的拓扑结构诱导得到.

注记 44:上述证明对$\mathcal{B}_1$ 采用了轨道方法的描述,如果对$\mathcal{B}_1$ 用完全旗的刻画,也可以类似地证明上述定理.

推论 25:$\mathcal{B}$ 同构于$\mathbb{P}^{p-2}$ 的子簇. 精确地说,

$$\mathcal{B}_1\simeq\{[1:a_1:\cdots:a_{p-2}]\}\subset\mathbb{P}^{p-2},$$

$$\mathcal{B}_0\simeq\{[0:\cdots:0:1]\}.$$

进一步,$\mathcal{B}_1$ 是 $\mathcal{B}$ 的开子簇,且$\overline{\mathcal{B}_1}=\mathcal{B}_1\cup\mathcal{B}_0$.

证明:注意到$\mathbb{P}(A(1)_+)=\mathbb{P}^{p-2}$,所以推论只是前面定理的重新表述而已.

8.3.3 标准齐次 B-子代数和齐次旗簇

注意到 $W(1)$ 是阶化李代数,直接计算可知$\mathfrak{b}_0$ 和$\mathfrak{b}_1$ 都是 $W(1)$ 的齐次子代数.

定义

$\mathcal{B}_{homo}$:=\{ $W(1)$ 的全部标准齐次 B-子代数\},

$\mathcal{B}_{homo,0}$:=\{ $W(1)$ 中共轭于$\mathfrak{b}_0$ 的全部标准齐次 B-子代数\},

$\mathcal{B}_{homo,1}$:=\{ $W(1)$ 中共轭于$\mathfrak{b}_1$ 的全部标准齐次 B-子代数\}.

根据分类定理,$\mathcal{B}_{homo}=\mathcal{B}_{homo,0}\cup\mathcal{B}_{homo,1}$.

性质 29:$\mathcal{B}_{homo,0}=\{\mathfrak{b}_0\}$, $\mathcal{B}_{homo,1}=\{\mathfrak{b}_1\}$.

证明:$\{\mathfrak{b}_0\}\subseteq\mathcal{B}_{homo,0}\subseteq\mathcal{B}_0\subseteq\{\mathfrak{b}_0\}$.

注意到,任何 $u\in U$ 在$\mathfrak{b}_1$ 上作用时,都会把$\mathfrak{b}_1$ 变成非齐次子代数,因此,$\mathcal{B}_1=U\cdot\mathfrak{b}_1$ 中的标准齐次 B-子代数只能是$\mathfrak{b}_1$.

下述引理可以直接计算得到:

引理 64:$W(1)$ 的任何 B-子代数都是滤过的.

对滤过李代数 $\mathfrak{l}$,我们在第 3 章中定义了其滤过维数 $\mathrm{gdim}(\mathfrak{l})$.

推论 26:

$$\mathrm{gdim}(\mathfrak{b})=1+\cdots+t^{p-2},若\ \mathfrak{b}\in\mathcal{B}_0;$$

$$\mathrm{gdim}(\mathfrak{b})=t^{-1}+1,若\ \mathfrak{b}\in\mathcal{B}_1.$$

证明:第 3 章已经证明了 $\mathrm{gdim}(g\cdot\mathfrak{b})=\mathrm{gdim}(\mathfrak{b})$对所有 $g\in G$ 及滤过子代数 $\mathfrak{b}$ 都成立.

显然,$\mathrm{gdim}(\mathfrak{b}_0)=1+\cdots+t^{p-2}$,$\mathrm{gdim}(\mathfrak{b}_1)=t^{-1}+1$. 故而推论 26 可由分类定理得到.

对滤过李代数 $\mathfrak{g}$,可以定义阶化函子 $\mathrm{gr}:\mathfrak{g}\to\mathrm{gr}(\mathfrak{g})$. 在 $W(1)$ 中,gr 可以诱导

旗簇和齐次旗簇之间的态射

$$\mathrm{gr}:\mathcal{B}\to\mathcal{B}_{homo}$$

把 $\mathfrak{b}$ 映成 $\mathrm{gr}(\mathfrak{b})$.

引理 65：$\mathrm{gr}^{-1}(\mathcal{B}_{homo,i})=\mathcal{B}_i, i=0,1.$

因为对 $W(1)$ 而言，$\mathcal{B}_{homo,0}$ 和 $\mathcal{B}_{homo,1}$ 都是单点集，所以下述推论也是容易检验的.

推论 27：对于 $\mathfrak{b}\in\mathcal{B}$，$\mathfrak{b}\in\mathcal{B}_i$ 当且仅当 $\mathrm{gr}(\mathfrak{b})\in\mathcal{B}_{homo,i}$ 当且仅当 $\mathrm{gr}(\mathfrak{b})=\mathfrak{b}_i$，其中 $i=0,1$. 特别地，$\mathrm{gr}^{-1}(\mathfrak{b}_i)=\mathcal{B}_i, i=0,1.$

接下来，让我们关注到齐次旗簇的几何结构. 根据前面的结论和上一节中的证明技巧，定理 12 可以直接计算得到. 事实上，第 6 章已经对一般情形有了完整的刻画.

定理 12：

(1) $\mathcal{B}$ 同构于 $\mathbb{P}(A(1)_+)$ 的子簇，具体而言，

$$\mathcal{B}_{homo,0}=\{\langle x^{p-1}\rangle\}, \mathcal{B}_{homo,1}=\{\langle x\rangle\}.$$

(2) $\mathcal{B}$ 同构于 $\mathbb{P}^{p-2}$ 的子簇，具体而言，

$$\mathcal{B}_{homo,0}=\{[0:\cdots:0:1]\}, \mathcal{B}_{homo,1}=\{[1:0:\cdots:0]\}.$$

(3) 注意到 $\mathrm{pr}(\mathcal{B})\subseteq \mathrm{Gr}_2(\mathfrak{sl}(2))$，那么

$$\mathrm{pr}(\mathcal{B}_{homo,0})=\{\langle h\wedge e\rangle\}, \mathrm{pr}(\mathcal{B}_{homo,1})=\{\langle h\wedge f\rangle\}.$$

第 9 章　伪反射群的不变量

9.1　符号与基本性质

9.1.1　主要记号

本章中,设 $I=(n_1,\cdots,n_l)$ 为 n 的固定分拆.

设 $m_0=0$ 和 $m_k=\sum_{i=1}^{k} n_i, k=1,\cdots,l$. 对于每个 $1\leqslant s\leqslant n$,若 $m_j<s\leqslant m_{j+1}$,定义

$$\tau(s)=m_j.$$

回顾 G_I 和 U_I 的定义可以验证发现,$G_I=L_I\ltimes U_I$,其中

$$L_I=\begin{pmatrix} G_1 & 0 & \cdots & 0 \\ 0 & G_2 & \cdots & 0 \\ \vdots & \vdots & \ddots & \vdots \\ 0 & 0 & \cdots & G_l \end{pmatrix}.$$

此外,由于 U_I 是 G_I 的正规子群,我们有$\mathcal{P}^{G_I}\simeq(\mathcal{P}^{U_I})^{L_I}$ 和$\mathcal{A}^{G_I}\simeq(\mathcal{A}^{U_I})^{L_I}$.

设 $V=\mathrm{F}_q^n$,对称代数 $S^{\cdot}(V)$ 和外代数 $\wedge^{\cdot}(V)$ 分别等价于$\mathbb{F}_q[x_1,\cdots,x_n]$和 $E[y_1,\cdots,y_n]$,即$\mathcal{P}=\mathbb{F}_q[x_1,\cdots,x_n]$和$\mathcal{A}=\mathbb{F}_q[x_1,\cdots,x_n]\otimes E[y_1,\cdots,y_n]$. 那么$\mathcal{A}$是一个结合超代数,其$\mathbb{Z}_2$ 分次由$\mathbb{F}_q[x_1,\cdots,x_n]$的平凡$\mathbb{Z}_2$ 分次和 $E[y_1,\cdots,y_n]$的自然$\mathbb{Z}_2$-分次确定. 用 $d(f)$ 表示$f\in\mathcal{A}$ 的奇偶性.

设$\mathbb{B}(n)=\cup_{k=0}^{n}\mathbb{B}_k$,其中$\mathbb{B}_0=\emptyset$,$\mathbb{B}_k=\{(i_1,\cdots,i_k)\mid 1\leqslant i_1<\cdots<i_k\leqslant n\}$. 那么,$E[y_1,\cdots,y_n]$有一组基$\{y_J\mid J\in\mathbb{B}(n)\}$,其中 $y_\emptyset=1$,$y_J=y_{j_1}\cdots y_{j_t}$,如果 $J=(j_1,\cdots,j_t)\neq\emptyset$.

对于$0\leqslant k\leqslant n$ 和$I,J\in\mathbb{B}_k$,我们称$I<J$ 如果存在$1\leqslant l\leqslant k$ 使得 $i_l<j_l$ 和 $i_s=j_s$ 对于所有 $l<s\leqslant k$ 都成立. 此外,$I\leqslant J$ 如果 $I=J$ 或 $I<J$.

可以验证,对所有 $1\leqslant k\leqslant n$,$(\mathbb{B}_k,\leqslant)$都是$\mathbb{B}_k$ 上的全序.

对于 $K=(k_1,\cdots,k_t)\in\mathbb{B}_t$,$a$,$a_i\in\{1,\cdots,n\}\setminus\{k_1,\cdots,k_t\}$,定义

- $K+\{a\}:=(\cdots,k_s,a,k_{s+1},\cdots)$ 如果 $k_s<a<k_{s+1}$;
- $K+\{a_1,\cdots,a_s\}:=(\cdots((K+a_1)+a_2)\cdots)$;
- $K-\{k_j\}:=(k_1,\cdots,\hat{k}_j,\cdots,k_t)$;
- $K-\{k_{j_1},\cdots,k_{j_s}\}:=(\cdots((K-k_{j_1})-k_{j_2})\cdots)$;
- $\tau(K):=\begin{cases}\tau(k_t) & K\notin\mathbb{B}_0\\ 0 & K\in\mathbb{B}_0\end{cases}$;
- 如果 $k_i\leqslant\tau(K)<k_{i+1}$,令 $\mathrm{hd}(K):=\{K-k_j\mid k_j\leqslant\tau(K)\}$,即 $\mathrm{hd}(K)=(k_{i+1},\cdots,k_t)$.

9.1.2　伪反射群

本小节将回顾伪反射群的一些基本事实,更多细节参考文献[47].

对于$\mathbb{F}_q$ 上的有限维向量空间 W,伪反射是线性同构 $s:W\to W$,它不是恒等映

射，但在一个超平面 $H\subseteq W$ 上逐点不变. 如果 $G\subseteq \mathrm{GL}(W)$ 是由其伪反射生成的群，称 G 是一个伪反射群. 如果 $p\nmid |G|$，我们称 G 是非模的(non-modular)，否则 G 是模的(modular).

引理 66：如果所有 G_i 都是伪反射群，那么 G_I 就是一个伪反射群.

证明：令 J(resp. K)是由 $G_1\times\cdots\times G_l$ 的所有伪反射(resp. U_I 的所有初等矩阵)组成的集合. 则 G_I 可以由 $J\cup K$ 生成.

注记 45：作为推论，类型为 W、S 和 H 的 Cartan 型李代数的 Weyl 群是模有限伪反射群.

引理 67([28]推论 3.1.4)：设 H_1 和 H 都是非模伪反射群，并且 H_1 是 H 的一个子群. 那么 $S^{\cdot}(W)^{H_1}$ 是一个秩为 $\dfrac{|H|}{|H_1|}$ 的自由 $S^{\cdot}(W)^{H}$-模.

9.1.3 $\mathcal{P}$ 的不变量

对于 $1\leqslant k\leqslant n$ 和 $0\leqslant i\leqslant k$，在变量 $x_1,\cdots,x_k$ 中定义齐次多项式 V_k、L_k 和 $L_{k,i}$ 如下：

$$V_k=\prod_{\lambda_1,\cdots,\lambda_{k-1}\in F_q}(\lambda_1x_1+\cdots\lambda_{k-1}x_{k-1}+x_k),$$

$$L_k=\prod_{i=1}^{k}V_i=\prod_{i=1}^{k}\prod_{\lambda_1,\cdots,\lambda_{i-1}\in F_q}(\lambda_1x_1+\cdots+\lambda_{i-1}x_{i-1}+x_i),$$

$$L_{k,i}=\begin{vmatrix} x_1 & x_2 & \cdots & x_k\\ x_1^q & x_2^q & \cdots & x_k^q\\ \vdots & \vdots & \vdots & \vdots\\ \widehat{x_1^{q^i}} & \widehat{x_2^{q^i}} & \cdots & \widehat{x_k^{q^i}}\\ \vdots & \vdots & \vdots & \vdots\\ x_1^{q^k} & x_2^{q^k} & \cdots & x_k^{q^k}\end{vmatrix},$$

其中︿表示省略给定的项.

由文献[24]可知，L_k 是 $L_{k,i}$ 的因子. 定义 $Q_{k,i}=L_{k,i}/L_k$，那么，$\deg(Q_{k,i})=q^k-q^i$. $\mathcal{P}$ 的 $\mathrm{SL}_n(q)$ 和 $\mathrm{GL}_n(q)$ 不变量子代数都是多项式代数. 而且，

$$\mathcal{P}^{SL_n(q)}=\mathbb{F}_q[L_n,Q_{n,1},\cdots,Q_{n,n-1}], \tag{9.1.1}$$

$$\mathcal{P}^{\mathrm{GL}_n(q)}=\mathbb{F}_q[Q_{n,0},\cdots,Q_{n,n-1}]. \tag{9.1.2}$$

对 $1\leqslant i\leqslant l,1\leqslant j\leqslant n_i$，定义

$$v_{i,j}=\prod_{\lambda_1,\cdots,\lambda_{m_{i-1}}\in\mathbb{F}_q}(\lambda_1x_1+\cdots\lambda_{m_{i-1}}x_{m_{i-1}}+x_{m_{i-1}+j}), \tag{9.1.3}$$

$$q_{i,j}=Q_{n_i,j}(v_{i,1},\cdots,v_{i,n_i}). \tag{9.1.4}$$

那么，$\deg(v_{i,j})=q^{m_{i-1}}$，$\deg(q_{i,j})=q^{m_i}-q^{m_i-j}$.

回顾一下分次空间 $W^{\cdot}=\bigoplus_i W^i$ 的希尔伯特级数由生成函数

$$H(W^{\cdot},t):=\sum_i t^i\dim W^i.$$

类似于[63]中引理1的证明，

$$\mathcal{P}^{U_I}=\mathbb{F}_q[x_1,\cdots,x_{n_1},v_{2,1},\cdots,v_{2,n_2},\cdots,v_{l,1},\cdots,v_{l,n_l}]. \tag{9.1.5}$$

进一步，由[52]定理2.2和[37]定理1.4可知

$$\mathcal{P}^{\mathrm{GL}_I(q)}=\mathbb{F}_q[q_{i,j}\mid 1\leqslant i\leqslant l,1\leqslant j\leqslant n_i], \tag{9.1.6}$$

$$H(\mathcal{P}^{\mathrm{GL}_I(q)},t)=\frac{1}{\prod_{i=1}^{l}\prod_{j=1}^{n_i}(1-t^{q^{m_i}-q^{m_i-j}})}.$$

由[18]定理3.10可知，性质30成立.

性质30：对于 $1\leqslant i\leqslant l$，假设 $\mathrm{F}_q[x_1,\cdots,x_{n_i}]^{G_i}=\mathrm{F}_q[e_{i,1},\cdots,e_{i,n_i}]$ 是一个多项式代数，使 $\deg(e_{i,j})=\alpha_{ij}$；对于 $1\leqslant j\leqslant n_i$，定义 $u_{i,j}=e_{i,j}(v_{i,1},\cdots,v_{i,n_i})$. $\mathcal{P}$的 G_I-不变量的子代数$\mathcal{P}^{G_I}$ 是以 $u_{i,j}$，$1\leqslant i\leqslant l$，$1\leqslant j\leqslant n_i$，为生成元的多项式环. $u_{i,j}$ 的次数是 $\alpha_{ij}\cdot q^{m_{i-1}}$，即

$$\mathcal{P}^{G_I}=\mathrm{F}_q[u_{i,j}\mid 1\leqslant i\leqslant l,1\leqslant j\leqslant n_i].$$

此外，$\mathcal{P}^G$ 的希尔伯特级数是

$$H(\mathcal{P}^{G_l},t)=\frac{1}{\prod_{i=1}^{l}\prod_{j=1}^{n_i}(1-t^{\alpha_{ij}\cdot q^{m_{i-1}}})}.$$

9.2 Mui、Ming-Tung 和万金奎一王伟强关于 $\mathcal{A}$ 的不变量

9.2.1 $\mathcal{A}$ 的 Mui 不变量

根据文献[64],设 $A=(a_{ij})$ 是一个 $n\times n$ 矩阵,其元素位于环 R 中(可能非交换).定义 A 的(行)行列式如下:

$$|A|=\det(A)=\sum_{\sigma\in S_n}\operatorname{sgn}(\sigma)a_{1\sigma(1)}\cdots a_{n\sigma(n)}.$$

回顾一下,$ab=(-1)^{\mathrm{d}(a)\mathrm{d}(b)}ba$ 对全体 $a,b\in\mathcal{A}$ 都成立.在这种情况下,必须调整行列式的通常算法.例如,根据定义可以很容易地计算出在$\mathbb{Z}$上,

$$E_{\mathbb{Z}}(y_1,\cdots,y_n)=\bigoplus_{J\in\mathbb{B}(n)}\mathbb{Z}y_J,$$

$$\frac{1}{n!}\begin{vmatrix}y_1 & y_2 & \cdots & y_n\\ y_1 & y_2 & \cdots & y_n\\ \vdots & \vdots & \ddots & \vdots\\ y_1 & y_2 & \cdots & y_n\end{vmatrix}=y_1\cdots y_n,$$

$$\begin{vmatrix}y_1 & y_1 & \cdots & y_1\\ y_2 & y_2 & \cdots & y_2\\ \vdots & \vdots & \ddots & \vdots\\ y_n & y_n & \cdots & y_n\end{vmatrix}=0.$$

设 $1\leqslant j\leqslant m\leqslant n$，令$(b_1,\cdots,b_j)$是一个整数序列，使 $0\leqslant b_1<\cdots<b_j\leqslant m-1$. $M_{m;b_1,\cdots,b_j}\in\mathcal{A}$ 的定义通过 $m\times m$ 矩阵的以下行列式给出

$$M_{m;b_1,\cdots,b_j}=\frac{1}{j!}\begin{vmatrix} y_1 & y_2 & \cdots & y_m \\ \vdots & \vdots & \vdots & \vdots \\ y_1 & y_2 & \cdots & y_m \\ x_1 & x_2 & \cdots & x_m \\ \vdots & \vdots & \vdots & \vdots \\ x_1^{q^{\widehat{b_i}}} & x_2^{q^{\widehat{b_i}}} & \cdots & x_m^{q^{\widehat{b_i}}} \\ \vdots & \vdots & \vdots & \vdots \\ x_1^{q^{m-1}} & x_2^{q^{m-1}} & \cdots & x_m^{q^{m-1}} \end{vmatrix}\begin{matrix} \uparrow \\ j\text{ 行} \\ \downarrow \\ \uparrow \\ \\ m-j\text{ 行} \\ \\ \downarrow \end{matrix}. \tag{9.2.1}$$

设 $U_n(q)$是由全体上三角矩阵组成的 $\mathrm{GL}_n(q)$的子群.

由[64]中的定理 4.8、定理 4.17 和定理 5.6 可知

$$\begin{aligned} \mathcal{A}^{SL_n(q)} &= \mathbb{F}_q[L_n,Q_{n,1},\cdots,Q_{n,n-1}]\oplus\sum_{j=1}^{n}\sum_{0\leqslant b_1<\cdots<b_j\leqslant n-1}M_{n;b_1,\cdots,b_j}\\ &\qquad \mathbb{F}_q[L_n,Q_{n,1},\cdots,Q_{n,n-1}],\\ \mathcal{A}^{\mathrm{GL}_n(q)} &= \mathbb{F}_q[Q_{n,0},\cdots,Q_{n,n-1}]\oplus\sum_{j=1}^{n}\sum_{0\leqslant b_1<\cdots<b_j\leqslant n-1}M_{n;b_1,\cdots,b_j}L_n^{q-2}\\ &\qquad \mathbb{F}_q[Q_{n,0},\cdots,Q_{n,n-1}],\\ \mathcal{A}^{U_n(q)} &= \mathbb{F}_q[\mathrm{V}_1,\cdots,\mathrm{V}_n]\oplus\sum_{k=1}^{n}\sum_{s=k}^{n}\sum_{0\leqslant b_1<\cdots<b_k=s-1}\mathrm{M}_{s;b_1,\cdots,b_k}\mathbb{F}_q[\mathrm{V}_1,\cdots,\mathrm{V}_n]. \end{aligned} \tag{9.2.2}$$

9.2.2 Ming-Tung 和万金奎—王伟强关于$\mathcal{A}$ 的不变量研究

对于 $1\leqslant i\leqslant l$，定义 θ_i 为

$$\theta_i=L_{n_i}(v_{i,1},v_{i,2},\cdots,v_{i,n_i}).$$

以下结果在 $q=p$ 的情况下来自于[63]中的定理 3，一般的 q 是[105]中的定理 3.1.

定理 13：$\mathcal{A}^{\mathrm{GL}_l(q)}$ 是秩为 2^n 的自由 $\mathcal{P}^{\mathrm{GL}_l(q)}$ 模，一组基由 1 和 $M_{m_i;b_1,\cdots,b_j}\theta_1^{q-2}\cdots\theta_i^{q-2}$ 组成，其中 $1\leqslant i\leqslant l, 1\leqslant j\leqslant m_i, 0\leqslant b_1<\cdots<b_j\leqslant m_i-1, b_j\geqslant m_{i-1}$，即

$$\mathcal{A}^{\mathrm{GL}_l(q)}=\mathcal{P}^{\mathrm{GL}_l(q)}\oplus\sum_{j=1}^{n}\sum_{m_i\geqslant j}\sum_{\substack{m_{i-1}\leqslant b_j\\ 0\leqslant b_1<\cdots<b_j\leqslant m_i-1}}M_{m_i;b_1,\cdots,b_j}\theta_1^{q-2}\cdots\theta_i^{q-2}P^{\mathrm{GL}_l(q)}.$$

9.3 $\mathcal{A}$ 的 U_l 不变量

令 $1\leqslant b\leqslant n, S=(s_1,\cdots,s_k,a_1,\cdots,a_t)\in\mathrm{B}_{k+t}$，使 $s_k\leqslant b<a_1$.

如果 $S\neq\emptyset$，定义

$$N_{b,S}:=\frac{1}{(k+t)!}\begin{vmatrix} y_1 & \cdots & y_b & y_{a_1} & y_{a_2} & \cdots & y_{a_t}\\ \vdots & \vdots & \vdots & \vdots & \vdots & \vdots & \vdots\\ y_1 & \cdots & y_b & y_{a_1} & y_{a_2} & \cdots & y_{a_t}\\ x_1 & \cdots & x_b & x_{a_1} & x_{a_2} & \cdots & x_{a_t}\\ \vdots & \vdots & \vdots & \vdots & \vdots & \vdots & \vdots\\ x_1^{\widehat{q^{s_1-1}}} & \cdots & x_b^{\widehat{q^{s_1-1}}} & x_{a_1}^{\widehat{q^{s_1-1}}} & x_{a_2}^{\widehat{q^{s_1-1}}} & \cdots & x_{a_t}^{\widehat{q^{s_1-1}}}\\ \vdots & \vdots & \vdots & \vdots & \vdots & \vdots & \vdots\\ x_1^{\widehat{q^{s_k-1}}} & \cdots & x_n^{\widehat{q^{s_k-1}}} & x_{a_1}^{\widehat{q^{s_k-1}}} & x_{a_2}^{\widehat{q^{s_k-1}}} & \cdots & x_{a_t}^{\widehat{q^{s_k-1}}}\\ \vdots & \vdots & \vdots & \vdots & \vdots & \vdots & \vdots\\ x_1^{q^{b-1}} & \cdots & x_b^{q^{b-1}} & x_{a_1}^{q^{b-1}} & x_{a_2}^{q^{b-1}} & \cdots & x_{a_t}^{q^{b-1}} \end{vmatrix}\begin{matrix}\uparrow\\ j\text{ 行}\\ \downarrow\\ \uparrow\\ \\ m-j\text{ 行}\\ \\ \downarrow\end{matrix}$$

为方便讨论,定义 $N_{b,\emptyset}:=1$. 有时我们也把 $N_{b,S}$ 记作 $N_{b,\underline{a}}^{\underline{s}}$,其中

$$\underline{s}=(s_1,\cdots,s_k)\in\mathbb{B}_k,\underline{a}=(a_1,\cdots,a_t)\in\mathbb{B}_t.$$

那么 $N_{b,S}\in S^u(V)\otimes\wedge^{k+t}(V)$,其中 $u=\dfrac{q^b-1}{q-1}-\sum\limits_{i=1}^{k}q^{s_i-1}$.

注记 46:设 $1\leqslant j\leqslant m\leqslant n$,$B=(b_1+1,\cdots,b_j+1)\in\mathrm{B}_j$,使 $0\leqslant b_1<\cdots<b_j\leqslant m-1$. 那么,$N_{m,B}=M_{m;b_1,\cdots,b_j}$(参考公式(9.2.1)).

对于 $J=(1,\cdots,b,a_1,\cdots a_t)\in\mathbb{B}_{b+t}$,由定义可知

$$N_{b,J}=y_J=y_1\cdots y_b y_{a_1}\cdots y_{a_t}. \tag{9.3.1}$$

对于 $1\leqslant b<a\leqslant n$,记

$$V_{b,a}=L_{b+1}(x_1,\cdots,x_b,x_a)L_b(x_1,\cdots,x_b)=\prod_{\lambda_1,\cdots,\lambda_b\in\mathbb{F}_q}(\lambda_1x_1+\cdots\lambda_bx_b+x_a).$$

由公式(9.1.3)可得,$v_{i,j}=V_{m_{i-1},m_{i-1}+j}$.

引理 68:设 $\underline{s}=(s_1,\cdots,s_k)\in\mathrm{B}_k$,$\underline{a}=(a_1,\cdots,a_t)\in\mathrm{B}_t$ 使得 $s_k\leqslant b<a_1$.

(1)如果 $b+1<a_1$,那么

$$N_{b,\underline{a}}^{\underline{s}}\cdot V_{b+1}=(-1)^tN_{b+1,\underline{a}}^{\underline{s}}+\sum_{i=1}^{t}(-1)^{i+1}N_{b+1,\underline{a}-a_i}^{\underline{s}+b+1}V_{b,a_i}+\sum_{j=1}^{k}(-1)^{k+t+j}N_{b+1,\underline{a}}^{\underline{s}+b+1-s_j}Q_{b,s_j}.$$

(2)如果 $b+1=a_1$,即 $b=a_1-1$,那么

$$N_{b,\underline{a}}^{\underline{s}}\cdot V_{a_1+1}=(-1)^{t-1}N_{a_1+1,\underline{a}-a_1}^{\underline{s}+a_1}+\sum_{i=2}^{t}(-1)^iN_{a_1+1,\underline{a}-a_1,a_i}^{\underline{s}+a_1,a_1+1}V_{a_1,a_i}$$
$$+\sum_{j=1}^{k}(-1)^{k+t+j}N_{a_1+1,\underline{a}-a_1}^{\underline{s}+a_1,a_1+1-s_j}Q_{a_1,s_j}.$$

证明:(1)考虑如下行列式

$$D_1=\frac{1}{(k+t)!}\left|\begin{array}{cccccccccc}
x_1 & \cdots & x_b & x_1 & \cdots & x_{b+1} & x_{a_1} & x_{a_2} & \cdots & x_{a_t} \\
\vdots & \vdots & \vdots & \vdots & \vdots & \vdots & \vdots & \vdots & \vdots & \vdots \\
x_1^{q^b} & \cdots & x_b^{q^b} & x_1^{q^b} & \cdots & x_{b+1}^{q^b} & x_{a_1}^{q^b} & x_{a_2}^{q^b} & \cdots & x_{a_t}^{q^b} \\
0 & \cdots & 0 & y_1 & \cdots & y_{b+1} & y_{a_1} & y_{a_2} & \cdots & y_{a_t} \\
\vdots & \vdots & \vdots & \vdots & \vdots & \vdots & \vdots & \vdots & \vdots & \vdots \\
\vdots & \vdots & \vdots & y_1 & \cdots & y_{b+1} & y_{a_1} & y_{a_2} & \cdots & y_{a_t} \\
\vdots & \vdots & \vdots & x_1 & \cdots & x_{b+1} & x_{a_1} & x_{a_2} & \cdots & x_{a_t} \\
\vdots & \vdots & \vdots & \vdots & \vdots & \vdots & \vdots & \vdots & \vdots & \vdots \\
\vdots & \vdots & \vdots & x_1^{q^{\widehat{s_1-1}}} & \cdots & x_{b+1}^{q^{\widehat{s_1-1}}} & x_{a_1}^{q^{\widehat{s_1-1}}} & x_{a_2}^{q^{\widehat{s_1-1}}} & \cdots & x_{a_t}^{q^{\widehat{s_1-1}}} \\
\vdots & \vdots & \vdots & \vdots & \vdots & \vdots & \vdots & \vdots & \vdots & \vdots \\
\vdots & \vdots & \vdots & x_1^{q^{\widehat{s_k-1}}} & \cdots & x_{b+1}^{q^{\widehat{s_k-1}}} & x_{a_1}^{q^{\widehat{s_k-1}}} & x_{a_2}^{q^{\widehat{s_k-1}}} & \cdots & x_{a_t}^{q^{\widehat{s_k-1}}} \\
\vdots & \vdots & \vdots & \vdots & \vdots & \vdots & \vdots & \vdots & \vdots & \vdots \\
0 & \cdots & 0 & x_1^{q^{b-1}} & \cdots & x_{b+1}^{q^{b-1}} & x_{a_1}^{q^{b-1}} & x_{a_2}^{q^{b-1}} & \cdots & x_{a_t}^{q^{b-1}}
\end{array}\right|
\begin{array}{l}
\uparrow \\ b+1\text{ 行} \\ \downarrow \\ \uparrow \\ k+t\text{ 行} \\ \downarrow \\ \uparrow \\ \\ \\ b-k\text{ 行} \\ \\ \\ \downarrow
\end{array}.$$

根据拉普拉斯展开,对 D_1 的前 $b+1$ 行展开知

$$D_1=(-1)^b L_{b+1}N^{\underline{s}}_{b,\underline{a}}+\sum_{i=1}^{t}(-1)^{b+i}L_{b+1}(x_1,\cdots,x_b,x_{a_i})N^{\underline{s}+b+1}_{b+1,\underline{a}-a_i}.$$

类似地,对前 b 列展开得

$$D_1=(-1)^{b+t}L_bN^{\underline{s}}_{b+1,\underline{a}}+\sum_{i=1}^{k}(-1)^{b+1-s_i}L_{b,s_i}\cdot(-1)^{k+t+s_i-(i-1)}N^{\underline{s}+b+1-s_j}_{b+1,\underline{a}}.$$

结合以上等式并在两边除以$(-1)^bL_b(x_1,\cdots,x_b)$知(1)成立.

(2)现在考虑以下行列式:

$$
D_2=\frac{1}{(k+t)\,!}\left|\begin{matrix}
x_1 & \cdots & x_{a_1} & x_1 & \cdots & x_{a_1} & x_{a_1+1} & x_{a_2} & \cdots & x_{a_t}\\
\vdots & \vdots & \vdots & \vdots & \vdots & \vdots & \vdots & \vdots & \vdots & \vdots\\
x_1^{q^{a_1}} & \cdots & x_{a_1}^{q^{a_1}} & x_1^{q^{a_1}} & \cdots & x_{a_1}^{q^{a_1}} & x_{a_1+1}^{q^{a_1}} & x_{a_2}^{q^{a_1}} & \cdots & x_{a_t}^{q^{a_1}}\\
0 & \cdots & 0 & y_1 & \cdots & y_{a_1} & y_{a_1+1} & y_{a_2} & \cdots & y_{a_t}\\
\vdots & \vdots & \vdots & \vdots & \vdots & \vdots & \vdots & \vdots & \vdots & \vdots\\
\vdots & \vdots & \vdots & y_1 & \cdots & y_{a_1} & y_{a_1+1} & y_{a_2} & \cdots & y_{a_t}\\
\vdots & \vdots & \vdots & x_1 & \cdots & x_{a_1} & x_{a_1+1} & x_{a_2} & \cdots & x_{a_t}\\
\vdots & \vdots & \vdots & \vdots & \vdots & \vdots & \vdots & \vdots & \vdots & \vdots\\
\vdots & \vdots & \vdots & \widehat{x_1^{q^{s_1}}} & \cdots & \widehat{x_{a_1}^{q^{s_1}}} & \widehat{x_{a_1+1}^{q^{s_1}}} & \widehat{x_{a_2}^{q^{s_1}}} & \cdots & \widehat{x_{a_t}^{q^{s_1}}}\\
\vdots & \vdots & \vdots & \vdots & \vdots & \vdots & \vdots & \vdots & \vdots & \vdots\\
\vdots & \vdots & \vdots & \widehat{x_1^{q^{s_k}}} & \cdots & \widehat{x_{a_1}^{q^{s_k}}} & \widehat{x_{a_1+1}^{q^{s_k}}} & \widehat{x_{a_2}^{q^{s_k}}} & \cdots & \widehat{x_{a_t}^{q^{s_k}}}\\
\vdots & \vdots & \vdots & \vdots & \vdots & \vdots & \vdots & \vdots & \vdots & \vdots\\
0 & \cdots & 0 & x_1^{q^{a_1}} & \cdots & x_{a_1}^{q^{a_1-2}} & x_{a_1+1}^{q^{a_1-2}} & x_{a_2}^{q^{a_1-2}} & \cdots & x_{a_t}^{q^{a_1-2}}
\end{matrix}\right|
\begin{matrix}
\uparrow\\ a_1+1\text{ 行}\\ \downarrow\ \uparrow\\ k+t\text{ 行}\\ \\ \downarrow\\ \uparrow\\ \\ \\ a_1-1-k\text{ 行}\\ \\ \\ \downarrow
\end{matrix}
$$

类似于(1)得证明,通过展开前 $b+1$ 行得

$$D_2=(-1)^{a_1}L_{a_1+1}N_{b,\underline{a}}^{\underline{s}}+\sum_{i=2}^{t}(-1)^{a_1+i+1}L_{a_1+1}(x_1,\cdots,x_{a_1},x_{a_i})N_{a_1+1,\underline{a}-a_1,a_i}^{\underline{s}+a_1,a_1+1}.$$

通过展开前 b 列得

$$D_2=(-1)^{a_1-1+t}L_{a_1}N_{a_1+1,\underline{a}-a_1}^{\underline{s}+a_1}+\sum_{j=1}^{k}(-1)^{a_1+1+k+t-(j-1)}L_{a_1,s_j}N_{a_1+1,\underline{a}-a_1}^{\underline{s}+a_1,a_1+1-s_j}.$$

将它们合并,并在两边除以 $(-1)^{a_1}L_{a_1}$ 知(2)成立.

通过直接计算,有如下推论:

推论 28: 对 $J=(j_1,\cdots,j_t)\in B_t$ 及 $1\leqslant b<j_t$,我们有

(1) $N_{\tau(J),J}$ 是 U_I-不变量.

(2)如果对全体 $s=1,\cdots,t$,都有 $b\neq j_s-1$,那么

$$N_{b,J}\cdot V_{b+1}=\epsilon N_{b+1,J}+\sum_{i=1}^{t}g_iN_{b+1,J+b+1-j_i},$$

其中 $\epsilon=\pm1,g_i\in\mathcal{P}^{U_I}$.

(3)如果 $b=j_s-1$,对某个 $s=1,\cdots,t$ 成立,那么

$$N_{b,J}\cdot V_{b+1}=\epsilon N_{b+1,J}+\sum_{i=1}^{t}g_iN_{b+1,J+j_s+1-j_i},$$

其中 $\epsilon=\pm1,g_i\in\mathcal{P}^{U_I}$.

注记 47: 对任意 b 和 J,$N_{b,J}$ 一般不是 U_I-不变的.

推论 29: 令 $1\leqslant b\leqslant c\leqslant n$,$J=(j_1,\cdots,j_t)\in B_t$,如果 $j_i\leqslant b<j_{i+1}\leqslant j_l\leqslant c<j_{l+1}$,那么

$$N_{b,J}\cdot V_{b+1}\cdots\hat{V}_{j_{i+1}}\cdots\hat{V}_{j_l}\cdots V_c=\epsilon N_{c,J}+\sum_{J'}N_{c,J'}f_{J'},$$

其中 $\epsilon=\pm1,J'\leqslant(1,\cdots,j_i,c-l+i+1,\cdots,c,j_{l+1},\cdots,j_t),f_{J'}\in\mathcal{P}^{U_I}$.

证明: 对任意 $K\in\mathbb{B}(n)$ 和 $d\in K$,直接计算知

$$N_{d-1,K}=N_{d,K}.$$

我们可以通过归纳法检验结论.

注记 48: $J<(1,\cdots,j_i,c-l+i+1,\cdots,c,j_{l+1},\cdots,j_t)$.

如果 $S=(s)\in\mathbb{B}_1$,记 $N_{b,s}=N_{b,S}$.

引理 69: 如果 $S=(s_1,\cdots,s_k)\in\mathbb{B}_k$,$s_j\leqslant b<s_{j+1}$,那么

$$N_{b,S}=(-1)^{jk-(j+1)j/2}N_{b,s_1}\cdots N_{b,s_k}/L_b^{k-1}.$$

特别地,如果 $s_i\leqslant\tau(S)<s_{i+1}$,那么

$$N_{\tau(S),S}=(-1)^{ik-(i+1)i/2}N_{\tau(S),s_1}\cdots N_{\tau(S),s_k}/L_{\tau(S)}^{k-1}.$$

证明: 对于 $k=1$,该关系显然成立.

现假设 $k>1$ 并且它对所有 $N_{a,J}$ 都成立,其中 $1\leqslant a\leqslant n$ 和 $J\in\mathbb{B}_{k-1}$. 我们考虑以下行列式:

$$
D=\left|\begin{array}{ccccccccc}
y_1 & \cdots & y_b & y_1 & \cdots & y_b & y_{s_{j+1}} & \cdots & y_{s_k} \\
x_1 & \cdots & x_b & x_1 & \cdots & x_b & x_{s_{j+1}} & \cdots & x_{s_k} \\
\vdots & \vdots & \vdots & \vdots & \vdots & \vdots & \vdots & \vdots & \vdots \\
x_1^{q^{b-1}} & \cdots & x_b^{q^{b-1}} & x_1^{q^{b-1}} & \cdots & x_b^{q^{b-1}} & x_{s_{j+1}}^{q^{b-1}} & \cdots & x_{s_k}^{q^{b-1}} \\
0 & \cdots & 0 & y_1 & \cdots & y_b & y_{s_{j+1}} & \cdots & y_{s_k} \\
\vdots & \vdots & \vdots & \vdots & \vdots & \vdots & \vdots & \vdots & \vdots \\
\vdots & \vdots & \vdots & y_1 & \cdots & y_b & y_{s_{j+1}} & \cdots & y_{s_k} \\
\vdots & \vdots & \vdots & x_1 & \cdots & x_b & x_{s_{j+1}} & \cdots & x_{s_k} \\
\vdots & \vdots & \vdots & \vdots & \vdots & \vdots & \vdots & \vdots & \vdots \\
\vdots & \vdots & \vdots & x_1^{q^{\widehat{s_1-1}}} & \cdots & x_b^{q^{\widehat{s_1-1}}} & x_{s_{j+1}}^{q^{\widehat{s_1-1}}} & \cdots & x_{s_k}^{q^{\widehat{s_1-1}}} \\
\vdots & \vdots & \vdots & \vdots & \vdots & \vdots & \vdots & \vdots & \vdots \\
\vdots & \vdots & \vdots & x_1^{q^{\widehat{s_j-1}}} & \cdots & x_b^{q^{\widehat{s_j-1}}} & x_{s_{j+1}}^{q^{\widehat{s_j-1}}} & \cdots & x_{s_k}^{q^{\widehat{s_j-1}}} \\
\vdots & \vdots & \vdots & \vdots & \vdots & \vdots & \vdots & \vdots & \vdots \\
0 & \cdots & 0 & x_1^{q^{b-1}} & \cdots & x_b^{q^{b-1}} & x_{s_{j+1}}^{q^{b-1}} & \cdots & x_{s_k}^{q^{b-1}}
\end{array}\right|
\begin{array}{c}
\\ \uparrow \\ b+1\text{ 行} \\ \downarrow \\ \uparrow \\ k-1\text{ 行} \\ \downarrow \\ \uparrow \\ \\ b-j\text{ 行} \\ \\ \\ \downarrow \\ \\
\end{array}.
$$

对 D 的前 b 列展开知

$$D=(-1)^b k!L_b N_{b,S}+\sum_{i=1}^{j}(-1)^{b+k-i+1}N_{b,s_i}(k-1)!N_{b,S-s_i}.$$

对 D_1 的前 $b+1$ 列展开知

$$D=\sum_{i=j+1}^{k}(-1)^{b+1+i-j}N_{b,s_i}(k-1)!N_{b,S-s_i}.$$

综上所述,我们有

$$kL_b N_{b,S}=\sum_{i=1}^{j}(-1)^{k-i}N_{b,s_i}N_{b,S-s_i}+\sum_{i=j+1}^{k}(-1)^{i-j+1}N_{b,s_i}N_{b,S-s_i}.$$

由归纳假设,我们有

$$kL_b^{k-1}N_{b,S}=\sum_{i=1}^{j}(-1)^{k-i}N_{b,s_i}\cdot(-1)^{(k-1)(j-1)-j(j-1)2}N_{b,s_1}\cdots\widehat{N_{b,s_i}}\cdots N_{b,s_k}+$$
$$\sum_{i=j+1}^{k}(-1)^{i-j+1}N_{b,s_i}\cdot(-1)^{(k-1)j-j(j+1)2}N_{b,s_1}\cdots\widehat{N_{b,s_i}}\cdots N_{b,s_k}$$
$$=(-1)^{jk-(j+1)j/2}kN_{b,s_1}\cdots N_{b,s_k}.$$

因此,

$$L_b^{k-1}N_{b,S}=(-1)^{jk-(j+1)j/2}N_{b,s_1}\cdots N_{b,s_k}.$$

引理 69 成立.

推论 30: 如果 $S=(s_1,\cdots,s_k)\in\mathbb{B}_k,b<s_1$,那么

$$N_{b,1}\cdots N_{b,b}N_{b,s_1}\cdots N_{b,s_k}=(-1)^{bk-b(b+1)/2}L_b^{b+k-1}y_1\cdots y_b y_{s_1}\cdots y_{s_k}.$$

证明: 由以上引理及公式(9.3.1)可知

$$(-1)^{bk-b(b+1)2}N_{b,1}\cdots N_{b,b}N_{b,S}=L_b^{b+k-1}N_{b,J}=L_b^{b+k-1}y_1\cdots y_b y_{s_1}\cdots y_{s_k},$$

其中 $J=(1,\cdots,b,s_1,\cdots,s_k)\in\mathbb{B}_{b+k}$.

推论 31: 对所有 $1\leqslant b,s\leqslant n$,有 $N_{b,s}^2=0$.

证明: 如果 $b\geqslant s$,那么

$$N_{b,1}\cdots\widehat{N_{b,s}}\cdots N_{b,b}N_{b,s}^2=\pm L_b^{b-1}y_1\cdots y_b N_{b,s}=0.$$

如果 $b<s$,那么

$$N_{b,1}\cdots N_{b,b}N_{b,s}^2=\pm L_b^b y_1\cdots y_b y_s N_{b,s}=0.$$

由引理 69 可知

$$N_{b,1}\cdots N_{b,b}=(-1)^{jk-(j+1)j/2}L_b^{b-1}y_1\cdots y_b\neq 0.$$

推论 31 成立.

类似于[64]的讨论,由推论 29、引理 69、推论 30 和推论 31 可知,性质 31 成立.

性质 31: 令 $f=\sum_{J\in\mathbb{B}(n)}N_{\tau(J),J}h_J$,其中 $h_J\in\mathcal{P}$. 那么 $f=0$ 当且仅当 $h_J=0$.

引理 70: 设 $J_*=(j_1,\cdots,j_k)\in\mathbb{B}_k,f=\sum\limits_{J\leqslant J_*}y_J f_J(x_1,\cdots x_n)\in\mathcal{A}$ 是 U_I-不变量,那

么，$f_{J_*}\in\mathcal{P}$ 是 U_I-不变量. 进一步地，f_{J_*} 有因子

$$\{V_i \mid i\in\{1,\cdots,\tau(j_k)\}\setminus\{j_1,\cdots,j_k\}\}.$$

证明：对于所有 $w=(w_{ij})\in U_I$，

$$wy_i=y_i+w_{i-1,i}y_{i-1}+\cdots+w_{1i}y_1.$$

因此

$$wf=\sum_{J<J_*}y_Jf_J'+y_{J_*}f_{J_*}',$$

其中 $wf_{J_*}=f_{J_*}'$. 比较 $wf=f$ 中 y_{J_*} 的系数，我们有 $wf_{J_*}=f_{J_*}$.

现在，对于每个 $i\in J_*\cap\{1,\cdots,\tau(j_k)\}$，$E+E_{i,j_k}\in U_I$. 因此，

$$(E+E_{i,j_k})\cdot f=f.$$

记 $K=J_*+i-j_k$，比较两边 y_K 的系数，我们有

$$y_{J_*-j_k}y_if_{J_*}(x_1,\cdots,x_i+x_{j_k},\cdots)+y_Kf_K(x_1,\cdots,x_i+x_{j_k},\cdots)=y_Kf_K,$$

其中 $x_i+x_{j_k}$ 是第 j_k 个分量. 进而

$$\epsilon f_{J_*}(x_1,\cdots,x_i+x_{j_k},\cdots)=f_K-f_K(x_1,\cdots,x_i+x_{j_k},\cdots),$$

其中 $\epsilon=\pm1$. 若 $x_i=0$，则

$$f_{J_*}(\cdots,x_{i-1},0,x_{i+1},\cdots)=0.$$

因此，f_{J_*} 有因子 x_i. 因为 f_{J_*} 是 U_I-不变的，并且所有 $E+E_{j,i}\in U_I$，$1\leqslant j<i$，所以 f_{J_*} 有因子 V_i.

性质 32：设 $S_*=(s_1^*,\cdots,s_k^*)\in\mathbb{B}_k$，$s_j^*\leqslant\tau(s_k^*)<s_{j+1}^*$，其中 $1\leqslant j\leqslant k-1$. 令

$$f=\sum_{S\leqslant S_*}y_Sf_S(x_1,\cdots,x_n)\in\mathcal{A}$$

是 U_I-不变量. 那么

$$f=\sum_{L\leqslant hd(S_*)}\sum_{\substack{S=(s_1,\cdots,s_k)\\(s_{j+1},\cdots,s_k)=L}}N_{\tau(s_k),S}h_S(x_1,\cdots,x_n),$$

其中 $h_S\in\mathcal{P}$ 是 U_I-不变量.

证明：假设 $s_k^*=b$. 我们将对 k 和 S_* 使用双重归纳法.

(1)设 $k=1$ 及 $S_*=(b)$,$1\leqslant b\leqslant n$.

1)如果 $b=1$,$\tau(b)=0$. 此外,$N_{\tau(1),1}=y_1$,$f=y_1f_1$. 由引理 70 可知,$f_1\in \mathrm{P}^{U_I}$. 性质 32 成立.

2)对于任意的 b,记 $c=\tau(b)$. 设 $f=y_1f_1+\cdots+y_bf_b$. 由引理 70 可知,f_b 是 U_I-不变的并且具有因子. 因此,$f_b=(-1)^{c+1}y_bL_ch_b$,其中 $h_b\in\mathcal{P}^{U_I}$. 把 $N_{c,b}$ 沿第 1 行展开,则

$$N_{c,b}=(-1)^{c+1}y_bL_c+\sum_{i=1}^{c}(-1)^{i+1}y_iN_i,$$

其中 $N_i\in\mathcal{P}$是 $N_{c,b}$ 在位置$(1,i)$的子式. 因此

$$f=N_{c,b}h_b+\sum_{i=1}^{b-1}y_if_i'.$$

注意到,$f-N_{c,b}h_b=\sum\limits_{i=1}^{b-1}y_if_i'$ 是 U_I-不变的. 通过归纳法,有 $h_i\in\mathcal{P}^{U_I}$. 这样,

$$f-N_{c,b}h_b=\sum_{i=1}^{b-1}N_{\tau(i),i}h_i,f=\sum_{i=1}^{b}N_{\tau(i),i}h_i.$$

(2)对一般的 $k>1$,设 $s_{k-1}^*=l<b$,$s_i^*\leqslant\tau(l)<s_{i+1}^*$.

1)如果 $b=k$,即 $S_*=(1,2,\cdots,k)$,那么,$f=y_{S_*}f_{S_*}$. 注意到 $y_{S_*}=N_{\tau(k),S_*}$ 是 U_I-不变的. 对所有 $w\in U_I$,我们有

$$wf=y_{S_*}(w\cdot f_{S_*})=y_{S_*}f_{S_*}.$$

因此,f_{S_*} 是 U_I-不变的. 此时,性质 32 成立.

2)现假设 $b>k$ 并且性质 32 对所有 $S<S_*$ 都成立. 可以将 f 重写为

$$f=(\sum_{K\leqslant K_*}y_KF_K)y_b+\sum_{\substack{b\notin S\\ S\leqslant S_*}}y_Sf_S, \tag{9.3.2}$$

其中 $K_*=(s_1^*,\cdots,s_{k-1}^*)\in\mathbb{B}_{k-1}$,$F_K=f_{K+b}$.

现在,设 $F=\sum\limits_{K\leqslant K_*}y_KF_K$. 定义

$$T(K_*)=(\alpha_1,\cdots,\alpha_i,s_{i+1}^*,\cdots,s_{k-1}^*)\subseteq\mathbb{B}_{k-1}.$$

类似于引理 70 的证明,可以证明 F 是 U_I-不变的. 那么使用归纳法,F 可以

分解为

$$F=\sum_{L\leqslant hd(K_*)}\sum_{\substack{K=(s_1,\cdots,s_{k-1})\\(s_{i+1},\cdots,s_{k-1})=L}}N_{\tau(s_{k-1}),K}h_K(x_1,\cdots,x_n),\tag{9.3.3}$$

其中所有 h_K 都是 U_I-不变的.

注意到 $y_{S_*}f_{S_*}=y_{K_*}y_bF_{K_*}$. 作为 F 的一部分,$N_{\tau(s),K}$ 有因子 y_{K_*} 当且仅当 $K\in T(K_*)$,这等价于 $L=hd(K_*)$.

由引理 70 可知,f_{S_*} 有因子

$$V_{\tau(l)+1}\cdots\widehat{V_{s_{i+1}^*}}\cdots\widehat{V_{s_j^*}}\cdots V_{\tau(b)}.$$

直接计算知,当 $K\in T(K_*)$时,$N_{\tau(l),K}$ 没有此因子. 据此可知

$$h_K=V_{\tau(l)+1}\cdots\widehat{V_{s_{i+1}^*}}\cdots\widehat{V_{s_j^*}}\cdots V_{\tau(b)}h_K',$$

其中 $h_K'\in\mathcal{P}$ 对所有 $K\in T(K_*)$都成立. 由于所有 h_K 和 $V_i(\tau(l)+1\leqslant i\leqslant\tau(b))$都是 U_I-不变的,所以 h_K' 也是 U_I-不变的.

记 $\widetilde{K}_*=(\tau(b)-j,\cdots,\tau(b)-1,s_{j+1}^*,\cdots,s_{k-1}^*)$,由推论 29 可知

$$\sum_{K\in T(K_*)}N_{\tau(l),K}V_{\tau(l)+1}\cdots\widehat{V_{s_{i+1}^*}}\cdots\widehat{V_{s_j^*}}\cdots V_{\tau(b)}=\sum_{S\leqslant\widetilde{K}_*}N_{\tau(b),S}f_S,$$

其中 $f_S\in\mathcal{P}^{U_I}$.

因为所有 $f_S(S\leqslant\widetilde{K}_*)$和 $h_K'(K\in T(K_*))$都是 U_I-不变的,所以有

$$F=\sum_{L<hd(K_*)}\sum_{\substack{K=(s_1,\cdots,s_{k-1})\\(s_{i+1},\cdots,s_{k-1})=L}}N_{\tau(s_{k-1}),K}h_K+\sum_{S\leqslant\widetilde{K}_*}N_{\tau(b),S}h_S,\tag{9.3.4}$$

其中 $h_S\in\mathcal{P}^{U_I}$.

对每个 $S=(s_1,\cdots,s_j,s_{j+1}^*,\cdots,s_{k-1}^*)\leqslant\widetilde{K}_*$,显然有

$$hd(S+b)=hd(S_*)=(s_{j+1}^*,\cdots,s_{k-1}^*,b).$$

由拉普拉斯展开

$$N_{\tau(b),S}y_b=(-1)^{u\cdot\tau(b)}y_{hd(S_*)}N_{\tau(b),(s_1,\cdots,s_j)}+\sum_{S'<S_*}y_{S'}\alpha_{S'},$$

$$N_{\tau(b),S+b}=(-1)^{(u+1)\cdot\tau(b)}y_{hd(S_*)}N_{\tau(b),(s_1,\cdots,s_j)}+\sum_{S'<S_*}y_{S'}\beta_{S'},$$

其中 $u=k-j-1,\alpha_{S'},\beta_{S'}\in\mathcal{P}$. 因此,

$$N_{\tau(b),S}y_b=(-1)^{\tau(b)}N_{\tau(b),S+b}+\sum_{S'<S_*}y_{S'}\gamma_{S'},\tag{9.3.5}$$

其中 $\gamma_{S'}=\alpha_{S'}-(-1)^{\tau(b)}\beta_{S'}\in\mathcal{P}$.

结合公式(9.3.2)、公式(9.3.4)、公式(9.3.5),我们有

$$f=\sum_{\substack{S\leqslant\widetilde{K}_*\\hd(S+b)=hd(S_*)}}N_{\tau(b),S+b}h_S+A+B+C+D,\tag{9.3.6}$$

其中

$$h_S\in\mathcal{P}^{U_I},$$

$$A=\sum_{\substack{b\notin S\\S\leqslant S_*}}f_{S,1}y_S,$$

$$B=\sum_{L<hd(K_*)}\sum_{\substack{S=(s_1,\cdots,s_{k-1})\\(s_{i+1},\cdots,s_{k-1})=L}}N_{\tau(s_{k-1}),S}f_{S,2}y_b,$$

$$C=\sum_{\substack{S\leqslant\widetilde{K}_*\\hd(S+b)<hd(S_*)}}N_{\tau(b),S+b}f_{S,3},$$

$$D=\sum_{S'<S_*}y_{S'}\gamma_{S'},$$

使得 $f_{S,i}\in\mathcal{P},i=1,2,3$, 及 $\gamma_{S'}\in\mathcal{P}$.

显然, $A+B+C+D=\sum_{S<S_*}y_Sf'_S$, 其中 $f'_S\in\mathcal{P}$ 对于所有可能的 S 都成立.

如果 $S\leqslant\widetilde{K}_*,hd(S+b)=hd(S_*)$, 那么 $S+b=(s_1,\cdots,s_k)$ 使得

$$(s_{j+1},\cdots,s_k)=(s_{j+1}^*,\cdots,s_k^*).$$

因此,可以将公式(9.3.6)重写为

$$f=\sum_{\substack{S=(s_1,\cdots,s_k)\\(s_{j+1},\cdots,s_k)=hd(S_*)}}N_{\tau(b),S}h_S+\sum_{K<S_*}y_Kf'_K,$$

其中 $h_S \in \mathcal{P}^{U_I}$ 和 $f_K' \in \mathcal{P}$. 因为 f 和 $\sum\limits_{\substack{S=(s_1,\cdots,s_k)\\(s_{j+1},\cdots,s_k)=hd(S_*)}} N_{\tau(b),S}h_S$ 都是 U_I-不变的,所以 $\sum\limits_{K<S_*} y_K f_K'$ 是 U_I-不变的. 综上所述,性质 32 通过归纳得证.

综上所述,定理 14 成立.

定理 14:

(1) $\mathcal{P}^{U_I}=\mathbb{F}_q[x_1,\cdots,x_{n_1},v_{2,1},\cdots,v_{2,n_2},\cdots,v_{l,1},\cdots,v_{l,n_l}]$.

(2) $\mathcal{A}^{U_I}$ 是一个秩为 2^n 的自由 $\mathcal{P}^{U_I}$-模,一组基是 $\{N_{\tau(S),S}\mid S\in\mathbb{B}(n)\}$. 也就是说,存在分解

$$\mathcal{P}^{U_I}=\sum_{S\in\mathbb{B}(n)} N_{\tau(S),S}\mathcal{P}^{U_I}.$$

注记 49: 如果 $I=(1,\cdots,1)$,即 $U_I=U_n(q)$,那么 $\tau(j)=j-1$, $j=1,\cdots,n$. 若 $1\leqslant j\leqslant m\leqslant n$, $0\leqslant b_1<\cdots<b_j=m-1$,则

$$M_{m;b_1,\cdots b_j}=N_{m-1,B}=N_{\tau(B),B},$$

其中 $B=(b_1+1,\cdots,b_j+1)\in\mathbb{B}_j$. 因此,定理 14 是公式(9.2.2)的推广.

9.4 $\mathcal{A}^{U_I}$ 的 G_I-不变量

9.4.1 一般性讨论

对于固定的 $1\leqslant i\leqslant l$,注意 G_i 平凡作用于 x_j 和 y_j,除非 $m_{i-1}<j\leqslant m_i$. 我们将在本节中研究 $(\mathcal{A}^{(U_I)})^{(G_i)}$.

设 $f(x,y)=\sum\limits_{S\in\mathbb{B}(n)} N_{\tau(S),S}f_S(x)\in(\mathcal{A}^{U_I})^{G_i}$,其中 $x=(x_1,\cdots,x_n)$, $y=(y_1,\cdots,y_n)$.

由于 G_i-作用是齐次的,不妨设对某个 $0\leqslant k\leqslant n$,有

$$f=\sum_{S\in\mathbb{B}_k} N_{\tau(S),S}f_S\in(\mathcal{A}^{U_I})^{G_i}. \tag{9.4.1}$$

进一步,记 $f=f_1+f_2+f_3$,其中

$$f_1=\sum_{\substack{S\in\mathbb{B}_k\\ \tau(S)<m_{i-1}}} N_{\tau(S),S}f_S,$$

$$f_1=\sum_{\substack{S\in\mathbb{B}_k\\ \tau(S)=m_{i-1}}} N_{\tau(S),S}f_S,$$

$$f_1=\sum_{\substack{S\in\mathbb{B}_k\\ \tau(S)\geqslant m_{i-1}}} N_{\tau(S),S}f_S.$$

直接计算可知,$g\cdot f_i=f_i$,$i=1,2,3$,对所有 $g\in G_i$ 成立.

9.4.2 $\tau(S)\neq m_{i-1}$

引理 71:如果 $\tau(S)<m_{i-1}$,那么 f_S 是 G_i-不变的.进一步,

$$f_1=\sum_{\substack{S\in\mathbb{B}_k\\ \tau(S)<m_{i-1}}} N_{\tau(S),S}f_S,f_S\in(\mathcal{P}^{U_I})^{G_i}.$$

证明:如果 $\tau(S)<m_{i-1}$,那么 $\sigma\cdot N_{\tau(S),S}=N_{\tau(S),S}$ 对所有 $\sigma\in G_i$ 成立.因此,对任意 $g\in G_i$,

$$\begin{aligned} g\cdot f_1 &=\sum_{\substack{S\in\mathbb{B}_k\\ \tau(S)<m_{i-1}}}(g\cdot N_{\tau(S),S})(g\cdot f_S)\\ &=\sum_{\substack{S\in\mathbb{B}_k\\ \tau(S)<m_{i-1}}} N_{\tau(S),S}(g\cdot f_S)\\ &=\sum_{\substack{S\in\mathbb{B}_k\\ \tau(S)<m_{i-1}}} N_{\tau(S),S}f_S. \end{aligned}$$

因此,$g\cdot f_S=f_S$.引理 71 成立.

引理 72:如果 $\tau(S)\geqslant m_i$,那么 f_S 是 G_i 斜不变的(skew-invariant),即 $g\cdot f_S=\det(g)^{-1}f_S$ 对所有 $g\in G_i$ 都成立.进一步,

$$f_3=\sum_{S\in\mathbb{B}_k,\tau(S)\geqslant m_i}N_{\tau(S),S}f_S,$$

其中 $f_S\in\mathcal{P}^{U_I}$ 是 G_i 斜不变的.

证明: 如果 $\tau(S)\geqslant m_i$, 直接验证知 $g\cdot N_{\tau(S),S}=\det(g)N_{\tau(S),S}$. 因此,

$$\begin{aligned}g\cdot f_3&=\sum_{S\in\mathbb{B}_k,\tau(S)\geqslant m_i}(g\cdot N_{\tau(S),S})(g\cdot f_S)\\&=\sum_{S\in\mathbb{B}_k,\tau(S)\geqslant m_i}\det(g)N_{\tau(S),S}(g\cdot f_S)\\&=\sum_{S\in\mathbb{B}_k,\tau(S)\geqslant m_i}N_{\tau(S),S}f_S.\end{aligned}$$

因此, $g\cdot f_S=\det(g)^{-1}f_S$. 引理 72 成立.

9.4.3　$\tau(S)=m_{i-1}$

当 $\tau(S)=m_{i-1}$ 时, 将针对不同情况分别讨论.

9.4.3.1　$G_i=G(m,a,n_i)<\mathrm{GL}_{n_i}$

回顾一下, $G(m,a,n_i)\simeq S_{n_i}\ltimes A(m,a,n_i)$, 其中 $a\mid m$,

$$A(m,a,n_i)=\{\operatorname{diag}(w_1,\cdots,w_{n_i})\mid w_j\in F_q,w_j^m=(w_1\cdots w_{n_i})^{m/a}=1\}.$$

由于 $G(m,a,n_i)=G(m',a',n_i)$, 其中 $m'=(q-1,m)$, $a'=m'/(q-1,m/a)$. 因此, 不妨设 $m\mid(q-1)$, $m=ab$.

由于 $|G_i|=bm^{n_i-1}n_i!$, 因此, G_i 是一个非模群(nonmodular group)当且仅当 $p>n_i$.

对任意 $1\leqslant i\leqslant l$ 及 $1\leqslant k\leqslant n_i$, 本书将使用如下记号:

- $\sigma_{i,S}=(m_{i-1}+1,s_1)\cdots(m_{i-1}+k,s_k)\in G(m,a,n_i)$, 其中 $S:=(s_1,\cdots,s_k)\in\mathbb{B}(m_i)$ 使 $s_1>m_{i-1}$.
- $c_{i,k}:=\sum_{\substack{S=(s_1,\cdots,s_k)\in\mathbb{B}_k\\m_{i-1}<s_1<\cdots<s_k\leqslant m_i}}\sigma_{i,S}\in\mathbb{F}_qG(m,a,n_i)$.
- $T_{i,k}:=T+m_{i-1}+1,\cdots,m_{i-1}+k\in\mathbb{B}(m_i)$ 对任意 $T\in\mathbb{B}(m_{i-1})$ 都成立.

$$\bullet\ \beta_{i,k,r} := \begin{cases} (x_{m_{i-1}+1}\cdots x_{m_{i-1}+k})^{m-1} & \text{if} \quad r=a \\ (x_{m_{i-1}+1}\cdots x_{m_{i-1}+k})^{rb-1}(x_{m_{i-1}+k+1}\cdots x_{m_i})^{rb} & \text{if} \quad r=1,\cdots,a-1 \end{cases},$$

这是$\mathcal{P}$ 中的元素.

• $H_{i,k} := G(m,1,k)$, $H'_{i,k} := G(m,1,n_i-k)$. 通过把(σ,α)映成 $\operatorname{diag}(\sigma,\alpha)$，可以把 $H_{i,k}\times H'_{i,k}$视为 $G(m,1,n_i)$的子群.

• 由文献[47]可知，如果 $p>n_i$，那么所有 S_k 上$\mathbb{F}_q[x^m_{m_{i-1}+1}\cdots x^m_{m_{i-1}+k}]$的斜不变量形成一个自由$\mathbb{F}_q[x^m_{m_{i-1}+1}\cdots x^m_{m_{i-1}+k}]^{S_k}$-模，且只有一个生成元：

$$\Delta_{i,k} := \prod_{m_{i-1}<j_1<j_2\leqslant m_{i-1}+k}(x^m_{j_1}-x^m_{j_2}).$$

回顾一下，$\mathcal{P}^{U_l} = \bigotimes_{i=1}^{l} \mathcal{P}_i$，其中$\mathcal{P}_i = \mathbb{F}_q[v_{i,1},\cdots,v_{i,n_i}]$. 由引理 67 可知，$(\mathcal{P}_i)^{H_{i,k}\times H'_{i,k}}$是一个秩为 $C^k_{n_i} = \dfrac{n_i!}{k!\ (n_i-k)!}$的自由$\mathcal{P}_i^{G(m,1,n_i)}$-模. 进一步，假设$\{\alpha_{i,k,j}\mid j=1,\cdots,C^k_{n_i}\}$是一组基.

引理 73：

(1) $G_{i,k} := \operatorname{Stab}_{G_i}(\langle x_{m_{i-1}+1},\cdots,x_{m_{i-1}+k}\rangle) \simeq (S_k\times S_{n_i-k})\ltimes A(m,a,n_i)$.

(2) 对任意 $1\leqslant k\leqslant n_i$，$G_i$ 由 $G_{i,k}$ 和 $\sigma_{i,S}$ 生成，其中 $S := (s_1,\cdots,s_k)\in\mathbb{B}(n)$使得 $m_{i-1}<s_1<\cdots<s_k\leqslant m_i$.

证明：直接计算可知.

引理 74：f_2 是 G_i-不变的当且仅当下列条件对全体 $T\in\mathbb{B}(m_{i-1})$和 $S=(s_1,\cdots,s_k)\in\mathbb{B}(m_i)$使 $s_1>m_{i-1}$ 的元素成立.

(1) $f_{T+S}(x)=f_{T_{i,k}}(\sigma_{i,S}(x))=\sigma_{i,S}\cdot f_{T_{i,k}}((x))$. 进一步，

$$N_{m_{i-1},T+S}f_{T+S}=\sigma_{i,S}(N_{m_{i-1},T_{i,k}}f_{T_{i,k}}).$$

(2) $N_{m_{i-1},T_{i,k}}f_{T_{i,k}}$ 是 $G_{i,k}$ 不变的.

证明：如果这两个条件对所有 T 和 S 都成立，可以直接检查f_2 是 G_i 不变的. 反之，假设f_2 是 G_i 不变的. 那么有：

(1) $\sigma_S \cdot N_{m_{i-1},T_{i,k}} = N_{m_{i-1},T+S}$ 及 $\sigma_S(R) = T+S$ 当且仅当 $R = T_{i,k}$.

(2) $\sigma N_{m_i,T_{i,k}} = \chi(\sigma) N_{m_i,T_{i,k}}$ 对某个 $\chi(\sigma) \in \mathbb{F}_q$ 和 $\sigma(R) = T_{i,k}$ 成立当且仅当 $R = T_{i,k}$ 对每个 $\sigma \in G_{i,k}$ 都成立.

引理 74 成立.

性质 33：假设 $p>n_i$. 那么 $(\mathcal{A}^{U_I})^{G(m,a,n_i)}$ 是一个自由 $(\mathcal{P}^{U_I})^{G(m,1,n_i)}$ 模，一组基由 $\beta_{i,n_i,r}$ 和 $c_{i,k}(N_{m_{i-1},T_{i,k}} \Delta_{i,k}\beta_{i,k,r}\alpha_{i,k,j})$ 组成，其中 $T \in \mathbb{B}(m_{i-1})$，$1 \leqslant k \leqslant n_i$，$1 \leqslant j \leqslant C_{n_i}^k$，$1 \leqslant r \leqslant a$.

证明：由上述引理可知，

$$f_2 = \sum_{k=1}^{n_i} \sum_{T \in \mathbb{B}(m_{i-1})} \sum_{\substack{S=(s_1,\cdots,s_k) \in \mathbb{B}_k \\ m_{i-1}<s_1<\cdots<s_k \leqslant m_i}} N_{m_{i-1},T+S} f_{T+S}$$

$$= \sum_{k=1}^{n_i} \sum_{T \in \mathbb{B}(m_{i-1})} \sum_{\substack{S=(s_1,\cdots,s_k) \in \mathbb{B}(n) \\ m_{i-1}<s_1<\cdots<s_k \leqslant m_i}} \sigma_{i,S}(N_{m_{i-1},T_{i,k}} f_{T_{i,k}})$$

$$= \sum_{k=1}^{n_i} \sum_{T \in \mathbb{B}(m_{i-1})} c_{i,k}(N_{m_{i-1},T_{i,k}} f_{T_{i,k}}),$$

其中 $f_{T_{i,k}} \in \mathcal{P}^{U_I}$ 且 $N_{m_{i-1},T_{i,k}} f_{T_{i,k}}$ 是 $G_{i,k}$ 不变的.

现在，对于 $\boldsymbol{g} = \mathrm{diag}(w_1,\cdots,w_{n_i}) \in A(m,a,n_i)$，直接验证知

$$\boldsymbol{g} \cdot N_{m_i,T_{i,k}} = w_1 \cdots w_k N_{m_i,T_{i,k}}.$$

因此，

$$N_{m_{i-1},T_{i,k}} f_{T_{i,k}} = \boldsymbol{g} \cdot N_{m_{i-1},T_{i,k}} f_{T_{i,k}} = w_1 \cdots w_k N_{m_{i-1},T_{i,k}} (\boldsymbol{g} \cdot f_{T_{i,k}}). \tag{9.4.2}$$

设 $f_{T_{i,k}} = \sum_{\underline{j} \in \mathbb{N}^{n_i}} a_{\underline{j}}\, x^{\underline{j}}$，那么

$$\boldsymbol{g} \cdot f_{T_{i,k}} = \sum_{\underline{j}} a_{\underline{j}} w_1^{j_1} \cdots w_{n_i}^{j_{n_i}} x^{\underline{j}}.$$

注意到 $w_i^m = (w_1 \cdots w_{n_i})^b = 1$. 由等式(9.4.2)可知，$a_{\underline{j}} = 0$，除非

$$j_s = \begin{cases} q_s m + rb - 1 & s = 1,\cdots,k \\ q_s m + rb & s = k+1,\cdots,n_i \end{cases},$$

其中 $q_1,\cdots q_{n_i}\in\mathbb{N},r\in 0,\cdots,a-1$.

因此,$f_{T_{i,k}}=\sum_{r=1}^{a}\beta_{i,k,r}f'_{T,i,k,r}$,其中 $f'_{T,i,k,r}\in\mathbb{F}_q[x^m_{m_{i-1}+1},\cdots,x^m_{m_i}]^{U_I}$.

对每个 $\sigma\in S_k$(resp. $\gamma\in S_{n_i-k}$),直接验证可知

$\sigma(N_{m_i,T_{i,k}}\beta_{i,k,r})=\det(\sigma)N_{m_i,T_{i,k}}\beta_{i,k,r}$(resp. $\gamma(N_{m_i,T_{i,k}}\beta_{i,k,r})=N_{m_i,T_{i,k}}\beta_{i,k,r}$).

由于 $N_{m_i,T_{i,k}}f_{T_{i,k}}$ 是 $S_k\times S_{n_i-k}$ 不变的,我们有

$$\sigma f'_{T,i,k,r}=\det(\sigma)^{-1}f'_{T,i,k,r}(\text{resp. }\gamma f'_{T,i,k,r}=f'_{T,i,k,r}).$$

即 $f'_{T,i,k,r}$ 是 S_k 斜不变且 S_{n_i-k} 不变的.

因而,存在

$$h_{T,i,k,r}\in\mathbb{F}_q[x^m_{m_{i-1}+1},\cdots,x^m_{m_i}]^{S_k\times S_{n_i-k}}=\mathbb{F}_q[x_{m_{i-1}+1},\cdots,x_{m_i}]^{H_{i,k}\times H'_{i,k}}$$

使得 $f'_{T,i,k,r}=\Delta_{i,k}h_{T,i,k,r}$. 进一步,

$$f_{T_{i,k}}=\sum_{r=1}^{a}\Delta_{i,k}\beta_{i,k,r\sum_{j=1}^{C^k_{n_i}}\alpha_{i,k,j}}f_{T,i,k,r,j},f_{T,i,k,r,j}\in(P^{U_I})^{G(m,1,n_i)}.$$

综上所述,

$$f_2=\sum_{k=1}^{n_i}\sum_{T\in\mathbb{B}(m_{i-1})}c_{i,k}(N_{m_{i-1},T_{i,k}}\sum_{r=1}^{a}\Delta_{i,k}\beta_{i,k,r}\sum_{j=1}^{C^k_{n_i}}\alpha_{i,k,j}f_{T,i,k,r,j})$$

$$=\sum_{k=1}^{n_i}\sum_{T\in\mathbb{B}(m_{i-1})}\sum_{r=1}^{a}\sum_{j=1}^{C^k_{n_i}}c_{i,k}(N_{m_{i-1},T_{i,k}}\Delta_{i,k}\beta_{i,k,r}\alpha_{i,k,j})f_{T,i,k,r,j}.$$

根据性质 31 和$\{\alpha_{i,k,j},\beta_{i,k,r}\}$的定义,作为$\mathcal{P}^{G(m,1,n_i)}$模,这些生成元是线性无关的.

性质 33 成立.

注记 50:$\mathcal{P}^{G(m,a,n_i)}$是一个自由$\mathcal{P}^{G(m,1,n_i)}$模,基为$\{\beta_{i,n_i,r}\mid r=0,\cdots,a-1\}$.

注记 51:尽管$\mathcal{A}^{\{G(m,a,n_i)\}}$是一个$\mathcal{P}^{G(m,a,n_i)}$模,但作为$\mathcal{P}^{G(m,a,n_i)}$-模的结构依然很难计算. 主要困难在于$\mathcal{P}^{G_{i,k}}$关于$\mathcal{P}^{G(m,a,n_i)}$-模的分解比较困难.

注记 52:$\mathcal{P}^{G_{i,k}}$不是多项式环,而是一个完全交. 事实上,

$$\mathcal{P}^{G_{i,k}}=\mathbb{F}_q[u_1,\cdots,u_{n_i},v]/(u_ku_{n_i}-v^a),$$

其中

$$u_i=\begin{cases}\sum_{1\leqslant j_1<\cdots<j_i\leqslant k} x_{m_{i-1}+j_1}^m\cdots x_{m_{i-1}+j_i}^m & i=1,\cdots,k\\ \sum_{k+1\leqslant j_1<\cdots<j_{i-k}\leqslant n_i} x_{m_{i-1}+j_1}^m\cdots x_{m_{i-1}+j_{i-k}}^m & i=k+1,\cdots,n_i\end{cases},$$

$$v=(x_1\cdots x_{n_i})^b.$$

推论 32: 如果 $a=1$, 即 $G_i=G(m,1,n_i)$, 且 $p>n_i$, 那么 $\mathcal{A}^{G(m,1,n_i)}$ 是自由 $\mathcal{P}^{G(m,1,n_i)}$ 模, 一组基由 1 和 $c_{i,k}(N_{m_{i-1},T_{i,k}}\Delta_{i,k}\alpha_{i,k,j})$ 组成, 其中 $T\in\mathbb{B}(m_{i-1})$, $1\leqslant k\leqslant n_i$, $1\leqslant j\leqslant C_{n_i}^k$.

9.4.3.2 $G_i=SL_{n_i}(q)$ 或 $\mathrm{GL}_{n_i}(q)$

设 $f_2=\sum_{S\leqslant S^*}N_{m_{i-1},S}f_S$, 其中 $S^*=(s_1^*,\cdots,s_k^*)$ 且 $s_j^*<m_{i-1}\leqslant s_{j+1}^*$. 令 U_i 是 G_i 中全体具有下列形式的上三角矩阵构成的子群:

$$\begin{pmatrix}1 & * & \cdots & *\\ 0 & 1 & \cdots & *\\ \vdots & \vdots & \vdots & \vdots\\ 0 & \cdots & 0 & 1\end{pmatrix}.$$

引理 75: f_{S^*} 是 U_i-不变的.

证明: 易知 $\forall u\in U_i$,

$$u\cdot N_{m_{i-1},S}=N_{m_{i-1},S}+\sum_{L<S}a_L N_{m_{i-1},L},$$

其中 $a_L\in\mathbb{F}_q$. 因此,

$$u\cdot f_2=N_{m_{i-1},S^*}(u\cdot f_{S^*})+\sum_{S<S^*}N_{m_{i-1},S}f'_S$$

由 $u\cdot f_2=f_2$ 可推知 $u\cdot f_{S^*}=f_{S^*}$.

性质 34:

$$f_2=\sum_{\substack{S=(s_1,\cdots,s_k)\in\mathbb{B}_k\\ m_{i-1}<s_k\leqslant m_i}}N_{m_i,S}h_S=\sum_{\substack{S=(s_1,\cdots,s_k)\in\mathbb{B}_k\\ m_{i-1}<s_k\leqslant m_i}}N_{m_i,S}\theta_i^{q-2}\overline{h}_S,$$

其中 $h_S\in\mathcal{P}^{SL_{n_i}},\overline{h_S}\in\mathcal{P}^{GL_{n_i}}$.

证明:在 S^* 上使用数学归纳法.

若 S 出现在 f_2 的表达式中,记 $S'=\{1,\cdots,n\}\setminus S$. 对每个 $a\in S'\cap\{m_{i-1}+1,\cdots,m_i\}$,设 $s_b<a<s_{b+1}$,其中 $1\leqslant b\leqslant k$. 令

$$r=\begin{cases}s_b, & s_b>m_{i-1}\\ s_{b+1}, & s_b=m_{i-1}\end{cases}.$$

取 $w=E+E_{a,r}\in G$. 那么

$$w\cdot f_2=f_2. \tag{9.4.3}$$

(1)设 $m_{i-1}<s_b=r$.

当 $K=S+\{a\}-\{s_b\}$ 时,比较等式(9.4.3)两边 y_K 的系数可知

$$N_{m_{i-1},K}(w\cdot f_S)+N_{m_{i-1},K}(w\cdot f_K)=N_{m_{i-1},K}f_K. \tag{9.4.4}$$

事实上,

$$w(N_{m_{i-1},J}f_J)=N_{m_{i-1},J}(w\cdot f_J)+N_{m_{i-1},E_{a,r}\cdot J}(w\cdot f_J)$$

有因子 y_K 当且仅当 $J=K$ 或者 $E_{a,r}\cdot J=K$(因此 $J=S$).

根据性质 31 和等式(9.4.4)可知

$f_S(x_1,\cdots,x_r+x_a,\cdots,x_a,\cdots)=f_K(x_1,\cdots,x_n)-f_K(x_1,\cdots,x_r+x_a,\cdots,x_a,\cdots)$.

取 $x_a=0$ 得 $f_S(\cdots,x_{a-1},0,x_{a+1},\cdots)=0$,也就是说 $x_a\mid f_S$.

(2)设 $m_{i-1}=r$,即 $s_b\leqslant m_{i-1}=r<s_{l+1}$. 令 $K'=S+\{a\}-\{s_{l+1}\}$,由 $y_{K'}$ 的系数知 $x_a\mid f_S$.

特别地,$x_a\mid f_{S^*}$ 对所有 $a\in(S^*)'\cap\{m_{i-1}+1,\cdots,m_i\}$ 都成立. 由引理 75 可知,$V_a\mid f_{S^*}$.

根据推论 29,

$$\begin{aligned}f_2&=N_{m_{i-1},S^*}V_{m_{i-1}+1}\cdots\widehat{V_{s_{j+1}^*}}\cdots\widehat{V_{s_k^*}}\cdots V_{m_i}h_{S^*}+\sum_{S<S^*}N_{m_{i-1},S}f_S\\&=N_{m_i,S^*}h_{S^*}+\sum_{T<(s_1^*,\cdots,s_j^*,m_i-k+j+1,\cdots,m_i)}N_{m_i,L}h_L+\sum_{S<S^*}N_{m_{i-1},S}f_S.\end{aligned}$$

因为 N_{m_i,S^*} 和 $N_{m_i,L}$ 都是 SL_{n_i}-不变的,因此所有 h_{S^*},h_L 和 $\sum_{S<S^*}N_{m_{i-1},S}f_S$ 都

是 SL_{n_i}-不变的. 由归纳假设,

$$f_2 = \sum_{\substack{S=(s_1,\cdots,s_k)\in\mathbb{B}_k \\ m_{i-1}<s_k\leqslant m_i}} N_{m_i,S} h_S,$$

其中 $h_S \in \mathcal{P}^{SL_{n_i}}$.

类似于[105]中定理 3. 1 的证明,我们有 $h_S = \theta_i^{q-2}\bar{h}_S$,其中 $\bar{h}_S \in \mathcal{P}^{\mathrm{GL}_{n_i}}$.

性质 34 成立.

推论 33:

(1) $(\mathcal{A}^{U_I})^{SL_{n_i}}$ 是自由 $(\mathcal{P}^{U_I})^{SL_{n_i}}$ 模,一组基由

$$\{N_{m_i,S} \mid S \in \mathbb{B}(m_i) \setminus \mathbb{B}(m_{\{i-1\}})\}$$

构成.

(2) $(\mathcal{A}^{U_I})^{\mathrm{GL}_{n_i}}$ 是自由 $(\mathcal{P}^{U_I})^{\mathrm{GL}_{n_i}}$ 模,一组基由

$$N_{m_i,S}\theta_i^{q-2} \mid S \in \mathbb{B}(m_i) \setminus \mathbb{B}(m_{i-1})$$

构成.

9.5　$\mathcal{A}$ 的 G_I 不变量

本节将应用上述结果来描述一些具体群 G_I 的不变量 $\mathcal{A}^{G_I}$.

9.5.1　$G_i = G(r_i, 1, n_i)$

假设 $p > n_i$ 且 $r_i \mid q-1$ 对全体 $i = 1, \cdots, l$ 成立. 因此, G_i 都是非模的.

对每个 $1 \leqslant i \leqslant l$, $T \in \mathbb{B}(m_{i-1})$, $1 \leqslant k \leqslant n_i$, $1 \leqslant j \leqslant C_{n_i}^k$, 沿用前文 $c_{i,k}$、$T_{i,k}$、$\Delta_{i,k}$、$H_{i,k}$、$H'_{i,k}$ 和 $\alpha_{i,k,j}$ 的记号,进一步定义如下:

- $u_{i,k} := e_{i,k}(v_{i,1}, \cdots, v_{i,n_i})$，其中

$$\mathbb{F}_q[x_{m_{i-1}+1}, \cdots, x_{m_i}]^{G(r_i,1,n_i)} = \mathbb{F}_q[e_{i,1}, \cdots, e_{i,n_i}],$$

$$e_{i,j} = \sum_{m_{i-1}+1 \leqslant t_1 < \cdots < t_j \leqslant m_i} x_{t_1}^{r_i} \cdots x_{t_j}^{r_i}, v_{i,k}.$$

- $\Omega_{i,k} := \prod_{t=1}^{i-1} \Delta_{t,n_t} \cdot \Delta_{i,k}$

$$= \prod_{t=1}^{i-1} \prod_{m_{t-1} < j_1 < j_2 \leqslant m_t} (x_{j_1}^{r_t} - x_{j_2}^{r_t}) \cdot \prod_{m_{i-1} < j_1 < j_2 \leqslant m_{i-1}+k} (x_{j_1}^{r_i} - x_{j_2}^{r_i}).$$

定理 15：设 $p>n_i$ 对全体 i 成立.

(1) $\mathcal{P}^{G_I} = \mathbb{F}_q[u_{1,1}, \cdots u_{1,n_1}, \cdots u_{l,n_l}]$.

(2) $\mathcal{A}^{G_I}$ 是一个秩为 2^n 的自由$\mathcal{P}^{G_I}$ 模，一组基由 1 和 $c_{i,k}(N_{m_{i-1},T_{i,k}} \Omega_{i,k} \alpha_{i,k,j})$ 组成，其中 $1 \leqslant i \leqslant l, T \in \mathbb{B}(m_{i-1}), 1 \leqslant k \leqslant n_i, 1 \leqslant j \leqslant C_{n_i}^k$.

证明：

(1) 由性质 30 可知，定理 15 成立.

(2) 对每个 $f \in \mathcal{A}^{G_I}$，由性质 32，不妨设

$$f = \sum_{S \in \mathbb{B}(n)} N_{\tau(S),S} h_S = h_0 + \sum_{i=1}^{l} f_i,$$

其中

$$h_0 \in \mathcal{P}^{U_I}, f_i = \sum_{\substack{\emptyset \neq S \in \mathbb{B}(n) \\ \tau(S) = m_{i-1}}} N_{\tau(S),S} h_S, h_S \in \mathcal{P}^{U_I}.$$

现在，对每个 $1 \leqslant i \leqslant l$，

$$f_i = \sum_{k=1}^{n_i} \sum_{T \in \mathbb{B}(m_{i-1})} \sum_{j=1}^{C_{n_i}^k} c_{i,k}(N_{m_{i-1},T_{i,k}} \Omega_{i,k} \alpha_{i,k,j}) f_{T,i,k,r,j},$$

其中

$$f_{T,i,k,r,j} \in (\mathcal{P}^{U_I})^{G(m,1,n_i)}.$$

综上所述，作为$\mathcal{P}^{G_I}$ 模，$\mathcal{A}^{G_I}$ 被 1 和下列集合的元素生成：

$$\{c_{i,k}(N_{m_{i-1},T_{i,k}} \Omega_{i,k} \alpha_{i,k,j}) \mid 1 \leqslant i \leqslant l, 1 \leqslant k \leqslant n_i, T \in \mathbb{B}(m_{i-1}), 1 \leqslant j \leqslant C_{n_i}^k\}.$$

由性质 31 及 $\alpha_{i,k,j}$ 的定义可知,作为$\mathcal{P}^{G_l}$ 模,这些生成元线性无关. 秩为

$$1+\sum_{i=1}^{l}\sum_{k=1}^{n_i}2^{m_{i-1}}C_{n_i}^{k}=1+\sum_{i=1}^{l}2^{m_{i-1}}(2^{n_i}-1)=1+\sum_{i=1}^{l}(2^{m_i}-2^{m_{i-1}})=2^n.$$

9.5.2 $G_i=G(r_i,a_i,n_i)$

假设 $r_i=a_ib_i,r_i\mid q-1,p>n_i$ 对所有 i 都成立.

对每个 $1\leqslant i\leqslant l,T\in\mathbb{B}(m_{i-1}),1\leqslant k\leqslant n_i,1\leqslant r\leqslant a_i,1\leqslant j\leqslant C_{n_i}^k$,沿用前文关于 $c_{i,k}$、$T_{i,k}$、$\Omega_{i,k}$、$\beta_{i,k,r}\alpha_{i,k,j}$ 的定义和记号.

设$\mathbb{F}_q[x_{m_{i-1}+1},\cdots,x_{m_i}]^{G(r_i,a_i,n_i)}=\mathbb{F}_q[e_{i,1},\cdots,e_{i,n_i}]$,定义

$$u_{i,k}:=e_{i,k}(v_{i,1},\cdots,v_{i,n_i}).$$

记

$$\overline{G_l}:=(G(r_1,1,n_1)\times\cdots\times G(r_l,1,n_l))\ltimes U_l.$$

为方便计,简记$\beta_{\underline{s}}=\beta_{1,n_1,s_1}\cdots\beta_{l,n_l,s_l}$,其中 $\underline{s}=(s_1,\cdots s_l)$使得 $1\leqslant s_i\leqslant a_i$ 对所有 i 都成立.

引理 76:$\mathcal{P}^{G_l}$ 是一个秩为$(a_1\cdots a_l)$的自由$\mathcal{P}^{\overline{G_l}}$ 模. 特别地,全体 $\beta_{\underline{s}}$ 构成一组基.

定理 16:设对全体 $i,p>n_i$.

(1)$\mathcal{P}^{G_l}=\mathbb{F}_q[u_{1,1},\cdots u_{1,n_1},\cdots u_{l,n_l}]$.

(2)$\mathcal{A}^{G_l}$ 是一个秩为$(2^na_1\cdots a_l)$的自由$\mathcal{P}^{\overline{G_l}}$ 模,基为 $\beta_{\underline{s}}$ 和 $c_{i,k}(N_{m_{i-1},T_{i,k}}\Omega_{i,k}\alpha_{i,k,j}\beta_{\underline{s}})$,其中 $1\leqslant i,i'\leqslant l,T\in\mathbb{B}(m_{i-1}),1\leqslant k\leqslant n_i,1\leqslant j\leqslant C_{n_i}^k,1\leqslant r\leqslant a_i,\underline{s}=(s_1,\cdots,s_l)$.

9.5.3 一般情形

设存在 $1\leqslant a\leqslant l$ 使得

$$G_i=\begin{cases}\mathrm{GL}_{n_i}(q) & i=1,\cdots,a\\ G(r_i,1,n_i) & i=a+1,\cdots,l\end{cases}$$

且 $p>n_i$ 对 $i=a+1,\cdots,l$ 成立.

对任意 $1\leqslant i\leqslant l,1\leqslant k\leqslant n_i$ 及 $1\leqslant j\leqslant C_{n_i}^k$，公式(9.1.4)定义了 $q_{i,k}$，第9.4.3.1节定义了 $c_{i,k},u_{i,k},H_{i,k},H'_{i,k}$ 和 $\alpha_{i,k,j}$.

进一步，如果 $a<i\leqslant l$，由[101]中的20-2节可知，全体 $G_{a+1}\times\cdots\times G_{i-1}\times H_{i,k}$ 的斜不变量构成秩为1的自由 $\mathbb{F}_q[x_1,\cdots,x_{m_{i-1}+k}]^{G_{a+1}\times\cdots\times G_{i-1}\times H_{i,k}}$-模，基为 $\Omega_{i,k}^{(a)}$，其中

$$\Omega_{i,k}^{(a)}:=\prod_{t=a+1}^{i-1}\prod_{m_{t-1}<j_1<j_2\leqslant m_t}(x_{j_1}^{r_t}-x_{j_2}^{r_t})\cdot\prod_{m_{i-1}<j_1<j_2\leqslant m_{i-1}+k}(x_{j_1}^{r_i}-x_{j_2}^{r_i}).$$

定理 17：设 $p>n_i,i=a+1,\cdots,l$.

(1) $\mathcal{P}^{G_I}=\mathbb{F}_q[q_{1,1},\cdots q_{1,n_1},\cdots q_{a,n_a},u_{a+1,1},\cdots u_{a+1,n_{a+1}},\cdots u_{l,n_l}]$.

(2) $\mathcal{A}^{G_I}$ 是一个秩为 2^n 的自由 $\mathcal{P}^{G_I}$ 模，且1和下列集合构成一组基：

$$\{N_{m_i,S}\theta_1^{q-2}\cdots\theta_i^{q-2}\mid 1\leqslant i\leqslant a,S=(s_1,\cdots,s_k)\in B(m_i),s_1>m_{i-1}\}\cup$$

$$\{c_{i,k}(N_{m_{i-1},T_{i,k}}\Omega_{i,k}^{(a)}\alpha_{i,k,j})\theta_1^{q-2}\cdots\theta_a^{q-2}\mid a+1\leqslant i\leqslant l,1\leqslant k\leqslant n_i,T\in\mathbb{B}(m_{i-1}),1\leqslant j\leqslant C_{n_i}^k\}.$$

证明：

(1)可以由性质30直接推知.

(2)设 $f=f_0+f_1+f_2\in\mathcal{A}^{G_I}$，其中

$$f_0\in\mathcal{P}^{G_I},$$

$$f_1=\sum_{\emptyset\neq S\in\mathbb{B}(m_a)}N_{\tau(S),S}h_S,$$

$$f_2=\sum_{S\in B(n),\tau(S)\geqslant m_{a-1}}N_{\tau(S),S}h_S.$$

注意到 f_1 是 $G_1\times\cdots\times G_l$ 不变的. 由性质34可知

$$f_1=\sum_{i=1}^{a}\sum_{\substack{\emptyset\neq S\in B(m_a)\\ \tau(S)=m_{i-1}}}N_{m_i},S\theta_1^{q-2}\cdots\theta_i^{q-2}h'_S,$$

其中 $h'_S\in\mathcal{P}^{G_I}$.

由引理72和性质33可知

$$f_2=\sum_{i=a+1}^{l}\sum_{k=1}^{n_i}\sum_{T\in\mathbb{B}(m_{i-1})}\sum_{j=1}^{C_{n_i}^k} c_{i,k}(N_{m_{i-1},T_{i,k}}\Omega_{i,k}^{(a)}\cdot\alpha_{i,k,j})h_{T,i,k,j},$$

其中 $h_{T,i,k,j}\in\mathcal{P}^{U_l}$ 是 $G_1\times\cdots\times G_a$ 斜不变的而 $G_{a+1}\times\cdots\times G_l$ 不变的.

类似于[105]中定理 3.1 的证明,

$$h_{T,i,k,j}=\theta_1^{q-2}\cdots\theta_a^{q-2}h'_{T,i,k,j},$$

其中 $h'_{T,i,k,j}\in\mathcal{P}^{G_l}$. 定理证毕.

9.5.4 Cartan 型李代数的 Weyl 群

设 G_l 是 W、S 或 H 型李代数 $\mathfrak{g}$ 的 Weyl 群. 更确切地说,由[43]可知

$$G_l=\left\{\begin{pmatrix}A & B\\ 0 & C\end{pmatrix}\mid A\in\mathrm{GL}_{n_1}(p),C\in G_2\right\}<\mathrm{GL}_n(p), \tag{9.5.1}$$

其中

$$G_2=\begin{cases}S_{n_2} & \text{如果 }\mathfrak{g}\text{ 是 W 型或 S 型}\\ G(2,1,\mathrm{n}_2) & \text{如果 }\mathfrak{g}\text{ 是 H 型}\end{cases}.$$

我们知道,

$$\mathcal{P}^{U_l}=\mathbb{F}_q[x_1,\cdots,x_{n_1},v_{1,1},\cdots v_{1,n_2}],$$

$$\mathbb{F}_q[x_{n_1+1},\cdots,x_n]^{S_{n_2}}=\mathbb{F}_q[e_1,\cdots,e_{n_2}],$$

其中 $e_j=\sum_{n_1+1\leqslant i_1<\cdots<i_j\leqslant n}x_{i_1}\cdots x_{i_j}$.

定义 $u_i=e_i(v_{1,1},\cdots v_{1,n_2})$. 推论 34 是定理 17 的直接结论.

推论 34:设 $p>n_2$.

(1) $\mathcal{P}^{G_l}=\mathbb{F}_q[Q_{n_1,0},\cdots,Q_{n_1,n_1-1},u_{2,1},\cdots,u_{2,n_2}]$.

(2) $\mathcal{A}^{G_l}$ 是一个秩为 2^n 的自由 $\mathcal{P}^{G_l}$ 模,且 1 和下列集合的元素构成一组基:

$$\{N_{n_1,S}L_{n_1}^{q-2}\mid S\in\mathbb{B}(n_1)\setminus\mathbb{B}_0\}\cup$$

$$\{c_k(N_{n_1,T_{2,k}}\Omega_{1,k}^{(1)}\alpha_{1,k,j})L_{n_1}^{q-2}\mid 1\leqslant k\leqslant n_2,T\in\mathbb{B}(n_1),1\leqslant j\leqslant C_{n_i}^k\}.$$

参考文献

[1] Achar P., Henderson A., Riche S. Geometric Satake, Springer correspondence, and small representations Ⅱ [J]. Representation Theory, 2015, 19 (1): 94-166.

[2] Achar P., Rider L. Parity sheaves on the affine Grassmannian and the Mirkovic-Vilonen conjecture [J]. Acta Mathematica, 2015, 215 (2): 183-216.

[3] Benson D. J. Polynomial invariants of finite groups [M]. London: Cambridge University Press, 1993.

[4] Bezrukavnikov R., Mirkovic I. Representations of semisimple Lie algebras in prime characteristic and the noncommutative Springer resolution [J]. Annals of Mathematics, 2013, 178 (3): 835-919.

[5] Bois J., Farnsteiner R., Shu B. Weyl groups for non-classical restricted Lie algebras and the Chevalley restriction theorem [J]. Forum Mathematicum, 2014, 26 (5): 1333-1379.

[6] Borel A. Linear algebraic groups [M]. New York: Springer-Verlag, 1991.

[7] Bourbaki N. Groupes et algebres de lie [M]. Paris: Herrmann, 1968.

[8] Block R., Wilson R. Classification of the restricted simple Lie algebras [J]. Journal of Algebra, 1988, 114 (1): 115-259.

[9] Broer A., Chuai J. Modules of covariants in modular invariant theory [J]. Proceedings of the London Mathematical Society, 2010, 100 (3): 705-735.

[10] Cartane. Les groupes de transformations continus, infinis, simple [J]. Annales scientifiques de l'École normale supérieure, 1909, 26 (3): 93-161.

[11] Carlson J., Friedlander E., Pevtsova J. Elementary subalgebras of Lie algebras [J]. Journal of Algebra, 2015 (442): 155-189.

[12] Chriss N., Ginzburg V. Representation theory and complex geometry [M]. Boston: Birkhauser Boston, 1997.

[13] Chang H. Uber wittsche Lie-ringe (German) [J]. Abhandlungen aus dem mathematischen seminar der universität hamburg, 1941, 14 (1): 151-184.

[14] 常浩. 环面概型、环面稳定子群及其应用 [D]. 上海：华东师范大学，2016.

[15] Cao B., Luo L., Ou K. Extensions of inhomogeneous polynomial representations for sl (m+1 | n) [J]. Journal of Mathematical Physics, 2014, 55 (8): 13.

[16] Chang H., Ou K. On the semisimple orbits of restricted Cartan type Lie algebras W, S and H [J]. Algebras and Representation Theory, 2023 (26): 317-327.

[17] Chang H., Yao Y. On Fq-rational structure of nilpotent orbits in the Witt algebra [J]. Results in Mathematics, 2014, 65 (1-2): 181-192.

[18] Chen Y., Shank R. J., Wehlau D. L. Modular invariants of finite gluing groups [J]. Journal of Algebra, 2021 (566): 405-434.

[19] Cheng S., Lam N., Wang W. The Brundan-Kazhdan-Lusztig conjec-

ture for general linear Lie superalgebras [J]. Duke Mathematical Journal, 2015, 164 (4): 617-695.

[20] Collingwood D., Mcgovern W. Nilpotent orbits in semisimple Lie algebras [M]. New York: Van Nostrand, 1993.

[21] Cox D. A., Little J., O'shea D. Ideals, varieties, and algorithms: An introduction to computational algebraic geometry and commutative algebra [M]. Switzerland: Springer, Cham, 2015.

[22] Demushkin S. Cartan subalgebras of the simple Lie p-algebras Wn and Sn [J]. Siberian Mathematical Journal, 1970, 11 (2): 233-245.

[23] Demushkin S. Cartan subalgebras of simple nonclassical Lie p-algebras [J]. Mathematics of the Ussr-Izvestiya, 1972, 6 (5): 905-924.

[24] Dickson E. A fundamental system of invariants of the general modular linear group with a solution of the form problem [J]. Transactions of the American Mathematical Society, 1911, 12 (1): 75-98.

[25] Dimca A. Sheaves in topology [M]. Berlin: Springer-Verlag, 2004.

[26] Dixmier J. Enveloping algebras [M]. Providence: American Mathematical Society, 1996.

[27] Duan F., Shu B. Representations of the Witt superalgebra W (2) [J]. Journal of Algebra, 2013 (396): 272-286.

[28] Eddy Campbell H. E. A., Wehlau D. Invariant theory and algebraic transformation groups [M]. Berlin: Springer-Verlag, 2011.

[29] Fulton W., Harris J. Representation theory: A first course [M]. New York: Springer, 1991.

[30] Fiebig P. Sheaves on moment graphs and a localization of Verma flags [J]. Advances in Mathematics, 2008, 217 (2): 683-712.

[31] Fiebig P. Lusztig's conjecture as a moment graph problem [J]. Bulletin of the London Mathematical Society, 2010, 42 (6): 957-972.

[32] Fiebig P. Sheaves on affine Schubert varieties, modular representations, and Lusztig's conjecture [J]. Journal of the American Mathematical Society, 2011, 24 (1): 133-181.

[33] Fiebig P. An upper bound on the exceptional characteristics for Lusztig's character formula [J]. Journal Für Die Reine und Angewandte Mathematik, 2012 (673): 1-31.

[34] Fiebig P., Williamson G. Parity sheaves, moment graphs and the p-smooth locus of Schubert varieties [J]. Annales de l' Institut Fourier (Grenoble), 2014, 64 (2): 489-536.

[35] Ginzburg V., Riche S. Differential operators on G/U and the affine Grassmannian [J]. Journal of the Institute of Mathematics of Jussieu, 2015, 14 (3): 493-575.

[36] Hartshorne R. Algebraic geometry [M]. New York: Springer-Verlag, 1977.

[37] Hewett T. J. Modular invariant theory of parabolic subgroups of GLn (Fq) and the associated Steenrod modules [J]. Duke Mathematical Journal, 1996 (82): 91-102.

[38] Humphreys J. Linear algebraic groups [M]. New York: Springer-Verlag, 1975.

[39] Hu N. Irreducible constituents of graded modules for graded contact Lie algebras of Cartan type [J]. Communications in Algebra, 1994, 22 (14): 5951-5971.

[40] Hu N. The graded modules for the graded contact Cartan algebras [J].

Communications in Algebra, 1994, 22 (11): 4475-4497.

[41] Huang J. A gluing construction for polynomial invariants [J]. Academic Press, 2011 (328): 432-442.

[42] Hochster M., Eagon J. Cohen-Macaulay rings, invariant theory, and the generic perfection of determinantal loci [J]. American Journal of Mathematics, 1971 (93): 1020-1058.

[43] Jantzen M. Invariant theory of restricted Cartan type Lie algebras [D]. Aarhus: Aarhus University, 2015.

[44] Juteau D., Mautner C., Williamson G. Parity sheaves [J]. Journal of the American Mathematical Society, 2014, 27 (4): 1169-1212.

[45] Juteau D. Modular Springer correspondence and decomposition matrices [D]. Paris: Université Paris-Diderot-Paris, 2007.

[46] Kac V. Description of filtered Lie algebras with which graded Lie algebras of Cartan type are associated [J]. Mathematics of the USSR-Izvestiya, 1974, 8 (4): 801-835.

[47] Kane R. Reflection groups and invariant theory [M]. New York: Springer-Verlag, 2001.

[48] Kazhdan D., Lusztig G. Schubert varieties and Poincare duality [J]. Geometry of the Laplace Operator, 1980 (36): 185-203.

[49] Kazhdan D., Lusztig G. Representations of Coxeter groups and Hecke algebras [J]. Inventiones Mathematicae, 1979, 53 (2): 165-184.

[50] Kostrikin A., Shafarevich I. Cartan pseudogroups and Lie p-algebras [J]. Doklady Akademii nauk SSSR, 1966, 168 (4): 740-742.

[51] Kostrikin A., Shafarevich I. Graded Lie algebras of finite characteristic [J]. Mathematics of the USSR-Izvestiya, 1969, 3 (2): 237-304.

[52] Kuhn N. J., Mitchell S. The multiplicity of the Steinberg representation of GLn (Fq) in the symmetric algebra [J]. Proceedings of the American Mathematical Society, 1986, 96 (1): 1-6.

[53] Li Y., Shu B., Yao Y. A necessary and sufficient condition for irreducibility of parabolic baby Verma modules [J]. Journal of Pure and Applied Algebra, 2015, 219 (4): 760-766.

[54] Li Y., Shu B., Yao Y. Projective representations of generalized reduced enveloping algebras [J]. Journal of Pure and Applied Algebra, 2015, 219 (5): 1645-1656.

[55] Lin Z., Nakano D. Extensions of modules over Hopf algebras arising from Lie algebras of Cartan type [J]. Algebras and Representation Theory, 2000, 3 (1): 43-80.

[56] Lin Z., Nakano D. Good filtrations for representations of Lie algebras of Cartan type [J]. Journal of Pure and Applied Algebra, 1998, 127 (3): 231-256.

[57] Lin Z., Nakano D. Representations of Hopf algebras arising from Lie algebras of Cartan type [J]. Journal of Algebra, 1997, 189 (2): 529-567.

[58] Lin Z., Nakano D. Algebraic group actions in the cohomology theory of Lie algebras of Cartan type [J]. Journal of Algebra, 1996, 179 (3): 852-888.

[59] Lusztig G. Green polynomials and singularities of unipotent classes [J]. Advances in Mathematics, 1981, 42 (2): 169-178.

[60] Lusztig G. Representation theory in characteristic p [EB/OL]. https: // doi. org/102969/aspm/03110167.

[61] Lusztig G. Introduction to quantum groups [M]. New York: Birkhauser/Springer, 2010.

[62] Maksimau R. Canonical basis, KLR algebras and parity sheaves [J].

Journal of Algebra, 2015 (422): 563-610.

[63] Minh P., Tung V. Modular invariants of parabolic subgroups of general linear groups [J]. Journal of Algebra, 2000 (232): 197-208.

[64] Mui H. Modular invariant theory and cohomology algebras of symmetric groups [EB/OL]. https://api.semanticscholar.org/CorpusID: 115620064.

[65] Nakano D. K. Projective modules over Lie algebras of Cartan type [J]. [EB/OL]. https://api.semanticscholar.org/CorpusID: 119890225.

[66] Ou K. Modular invariants for some finite modular pseudo-reflection groups [J]. Journal of Pure and Applied Algebra, 2023, 227 (8): 23.

[67] Ou K., Shu B. Borel subalgebras of restricted Cartan-type Lie algebras [J]. Journal of Algebra and Its Applications, 2022, 21 (11): 17.

[68] Ou K., Shu B. Varieties of Borel subalgebras for the Jacobson-Witt Lie algebras [J]. Forum Mathematicum, 2023, 35 (6): 1583-1608.

[69] Ou K., Shu B., Yao Y. On Chevalley restriction theorem for semi-reductive algebraic groups and its applications [J]. Acta Mathematica Sinica-English Series, 2022, 38 (8): 1421-1435.

[70] Pevtsova J., Stark J. Varieties of elementary subalgebras of maximal dimension for modular Lie algebras [M]. Switzerland: Springer, Cham, 2018.

[71] Premet A. Regular Cartan subalgebras and nilpotent elements in restricted Lie algebras [J]. Mathematics of the USSR-Sbornik, 1990, 66 (2): 555-570.

[72] Premet A. The theorem on restriction of invariants, and nilpotent elements in Wn [J]. Mathematics of the USSR-Sbornik, 1992, 73 (1): 135-159.

[73] Premet A., Skryabin S. Representations of restricted Lie algebras and families of associative L-algebras [J]. Journal für die reine und angewandte Mathematik, 1999 (507): 189-218.

[74] Ree R. On generalized Witt algebras [J]. Transactions of the American Mathematical Society, 1956, 83 (2): 510-546.

[75] Seree J. Complex semisimple Lie algebras [M]. New York: Springer-Verlag, 1987.

[76] Shen G. Graded modules of graded Lie algebras of Cartan type (I) — mixed products of modules [J]. Scientia Sinica Series A, 1986, 29 (6): 570-581.

[77] Shen G. Graded modules of graded Lie algebras of Cartan type (Ⅱ) — Positive and negative graded modules [J]. Scientia Sinica Series A, 1986, 29 (10): 1009-1019.

[78] Shen G. Graded modules of graded Lie algebras of Cartan type (Ⅲ) — Irreducible modules [J]. Chinese Annals of Mathmatics, 1988, 9 (4): 404-417.

[79] Shoji T. A variant of the induction theorem for Springer representations [J]. Journal of Algebra, 2007, 311 (1): 130-146.

[80] Shu B. The realizations of primitive p-envelopes and the support varieties for graded Cartan type Lie algebras [J]. Communications in Algebra, 1997, 25 (10): 3209-3223.

[81] Shu B. The generalized restricted representations of graded Lie algebras of Cartan type [J]. Journal of Algebra, 1997, 194 (1): 157-177.

[82] Shu B. Generalized restricted Lie algebras and representations of the Zassenhaus algebra [J]. Journal of Algebra, 1998, 204 (2) : 549-572.

[83] Shu B. Conjugation in representations of the Zassenhaus algebra [J]. Acta Mathematica Sinica, 2001, 17 (2): 319-326.

[84] Shu B. Representations of Cartan type Lie algebras in characteristic p [J]. Journal of Algebra, 2002, 256 (1): 7-27.

[85] Shu B. Gereric property and conjugacy classes of homogeneous Borel sub-

algebras of restricted Lie algebras of Cartan type (Ⅰ) : Type W [J]. Bulletin of the Institute of Mathematics, Academia Sinica, 2019, 14 (3): 295-329.

[86] Shu B., Jiang Z. The realizations of primitive p-envelopes and the support varieties for graded Cartan type Lie algebras [J]. Communications in Algebra, 1997, 25 (10): 3209-3223.

[87] Shu B., Shen G. Automorphisms and forms of Lie algebras of Cartan type [J]. Communications in Algebra, 1995, 23 (14): 5243-5268.

[88] Shu B., Wang W. Modular representations of the ortho-symplectic supergroups [J]. Proceedings of the London Mathematical Society, 2008, 96 (1): 251-271.

[89] Shu B., Yao Y. Nilpotent orbits in the Witt algebra W (1) [J]. Communications in Algebra, 2011, 39 (9): 3232-3241.

[90] Shu B., Yao Y. Support varieties of semisimple-character representations for Cartan type Lie algebras [J]. Frontiers of Mathematics, 2011, 6 (4): 775-788.

[91] Shu B., Yao Y. A note on restricted representations of the Witt superalgebras [J]. Chinese Annals of Mathematics, Series B, 2013, 34 (6): 921-926.

[92] Shu B., Yao Y. On Cartan invariants for graded Lie algebras of Cartan type [J]. Journal of Algebra Appl, 2014, 13 (3): 16.

[93] Shu B., Zhang C. Restricted representations of the Witt superalgebras [J]. Journal of Algebra, 2010, 324 (4): 652-672.

[94] Shu B., Zhang C. Representations of the restricted Cartan type Lie superalgebra W (m, n, 1) [J]. Algebras and Representation Theory, 2011, 14 (3): 463-481.

[95] Smith L. Polynomial invariants of finite groups [EB/OL]. warwick. ac.

uk/fac/sci/maths/people/staff/peirce/polyinv. pdf. MR1328644.

[96] Skryabin S. Classification of Hamiltonian forms over divided power algebras [J]. Mathematics of the USSR-Sbornik, 1991 (69): 121-141.

[97] Skryabin S. Modular Lie algebras of Cartan type over algebraically non-closed fields. Ⅰ [J]. Communications in Algebra, 1991 (19): 1629-1741.

[98] Skryabin S. An algebraic approach to the Lie algebras of Cartan type [J]. Communications in Algebra, 1993 (21): 1229-1336.

[99] Skryabin S. Modular Lie algebras of Cartan type over algebraically non-closed fields. Ⅱ [J]. Communications in Algebra, 1995 (23): 1403-1453.

[100] Springer T. A construction of representation of Weyl groups [J]. Inventiones Mathematicae, 1978, 44 (3): 279-293.

[101] Springer T. A. Linear algebraic groups [M]. Boston: Birkhauser, 1998.

[102] Strade H. Simple Lie algebras over fields of positive characteristic. Ⅰ. structure theory [M]. Berlin: Walter de Gruyter and Co., 2004.

[103] Strade H., Farnsteiner R. Modular Lie algebras and their representations [M]. New York: Marcel Dekker, 1988.

[104] Stark J. Sheaves on support varieties and varieties of elementary subalgebras [D]. Washington: University of Washington, 2015.

[105] Wan J., Wang W. Q. Twisted Dickson-Mui invariants and the Steinberg module multiplicity [J]. Mathematical Proceedings of the Cambridge Philosophical Society, 2011, 151 (1): 43-57.

[106] Warner J. Rational points and orbits on the variety of elementary subalgebras [J]. Journal of Pure and Applied Algebra, 2015, 219 (8): 3355-3371.

[107] Wilson R. Automorphisms of graded Lie algebras of Cartan type [J]. Communications in Algebra, 1975 (3): 591-613.

[108] Wilkerson C. A primer on the Dickson invariants [J]. Contemporary Mathematics, 1983 (19): 421-434.

[109] Wilson R. Nonclassical simple Lie algebras [J]. Bulletin of the American Mathematical Society, 1969 (75): 987-991.

[110] Wilson R. A structural characterization of the simple Lie algebras of generalized Cartan type over fields of prime characteristic [J]. Journal of Algebra, 1976 (40): 418-465.

[111] Winter D. J. Cartan decompositions and Engel subalgebra triangulability [J]. Journal of Algebra, 1980, 62 (2): 400-417.

[112] Yao Y., Shu B. Irreducible representations of the Hamiltonian algebra H (2r; n) [J]. Journal of the Australian Mathematical Society, 2011, 90 (3): 403-430.

[113] Yao Y., Shu B. Restricted representations of Lie superalgebras of Hamiltonian type [J]. Algebras and Representation Theory, 2013, 16 (3): 615-632.

[114] Yao Y. F., Shu B., Li Y. Y. Inverse limits in representations of a restricted Lie algebra [J]. Acta Mathematica Sinica, English Series, 2012, 28 (12): 2463-2474.

[115] Yao Y. F., Shu B., Li Y. Y. Generalized restricted representations of the Zassenhaus superalgebras [J]. Journal of Algebra, 2016 (468): 24-48.